本研究得到以下项目资助：

教育部人文社科一般项目："基于大语言模型的古汉语词义知识库构建"（24A10319028）

国家语委项目："面向古文读写能力的古汉语分级字表研究"（YB145-41）

国家社科重大项目："中国古代典籍跨语言知识库构建及应用研究"（21&ZD331）

深圳爱阅基金会

数字人文教程丛书

主编 王东波　副主编 李斌

数字人文实战

网络数据库编程技术

主　编　李斌

副主编　常博林 戴俊阳 谢欣妤

韩晓晓 冯敏萱 王东波

比特人文微信公众号

本书配套代码

南京大学出版社

图书在版编目(CIP)数据

数字人文实战：网络数据库编程技术／李斌主编
. —南京：南京大学出版社，2024.9
（数字人文教程丛书／王东波主编）
ISBN 978-7-305-27075-8

Ⅰ.①数… Ⅱ.①李… Ⅲ.①数据库系统-程序设计
-教材 Ⅳ.①TP311.13

中国国家版本馆 CIP 数据核字(2023)第 101824 号

出版发行　南京大学出版社
社　　址　南京市汉口路 22 号　　　　邮　编　210093
丛 书 名　数字人文教程丛书
主　　编　王东波
书　　名　数字人文实战：网络数据库编程技术
　　　　　SHUZI RENWEN SHIZHAN：WANGLUO SHUJUKU BIANCHENG JISHU
主　　编　李　斌
责任编辑　王秉华　　　　　　　　编辑热线　(025)83592401
照　　排　南京南琳图文制作有限公司
印　　刷　南京新世纪联盟印务有限公司
开　　本　787 mm×1092 mm　1/16 开　印张 12.5　字数 282 千
版　　次　2024 年 9 月第 1 版　2024 年 9 月第 1 次印刷
ISBN 978-7-305-27075-8
定　　价　45.00 元

网址：http://www.njupco.com
官方微博：http://weibo.com/njupco
官方微信号：njupress
销售咨询热线：(025) 83594756

* 版权所有,侵权必究
* 凡购买南大版图书,如有印装质量问题,请与所购
　图书销售部门联系调换

前　言

本书根据南京师范大学文学院汉语言（语言信息处理）专业开设了十年的课程"数字人文与数据库编程"的讲义修改而成。这门课由陈小荷教授到南师大任教后开设，最初称为"数据库编程"，采用的是号称数据库界"瑞士军刀"的 FoxPro 9.0。这个软件将数据库和编程完美结合，可惜在被微软收购后停止更新，缺少大字符集和联网功能。编程语言和数据库技术日新月异，笔者接手该课程后，不得不将软件更新为 Access 2013，但其编程依赖的 Visual Basic 有些小众，只适合用作数据的简单统计分析。为了解决编程需求，又引入了网络数据库 MySQL 和网站编程语言 PHP，加上网页语言 HTML 和前端特效脚本语言 Java Script（简称 JS），这样可以很好地完成数据库的构建、编程与可视化设计。经过几年的打磨，课程内容基本上形成了以 Access 数据库入门、MySQL 数据库进阶、SQL 语言进行查询与统计分析、HTML 进行网页设计、PHP 进行数据库和网页交互、JS 实现可视化特效并调用百度地图和 ECharts 做可视化的整体架构。

在课程的教学内容上，强调了语言信息处理，特别是中文古籍处理的需求，增加了汉字的字符集等内容。练习素材选用文学院学生喜欢的文史经典，例如《全唐诗》《诗经》《左传》等。学生在学习的时候，可以步步为营，从喜爱的作品入手，设计数据库的雏形，根据教学内容从设计结构到丰富数据、标注数据、数据分析、可视化等不断完善。整个课程下来，每位同学都可以自己建设出一个功能较为完整的交互式查询与可视化网站。依托上课的内容，学生们申请了十多项大学生创新创业项目，其中优秀的成果进行了转化，发表论文十多篇，申请软件著作权十多项。

此番将讲义整理为教材出版，希望能为中文古籍的数字人文教学与研究起到一些参考作用，培养学生的数据整理、加工、分析与可视化的能力，并让他们在学习的过程中感受到"从无到有"创造一个网站的乐趣。对于本教材，笔者想强调以下几点。

（1）读者对象：以文科背景的学生为主。在教学内容上，不过多涉及计算机领域的复杂技术和术语，以原理和方法的介绍为主。

（2）破除误解：有种观念是，文科学生进入计算语言学或数字人文领域之前，一定要先有数学、语言学和编程能力，否则很难很难。如果按照这种思路，一个人必须得先拿到数学研究生学历、计算机本科学历和语言学研究生学历，甚至还要有一个文学或者历史学方面的学位。这样算下来至少得三十岁才能掌握这些知识。笔者当年也面临着这样的困惑，陈小荷教授用一句话来点拨："人类的知识犹如大海，是学不完的。沧海一粟我取一瓢饮，根据你需要解决的问题来采撷。"

（3）学习方法：我们都希望尽可能地丰富自己的知识工具和技能，但获得这些并不一定要经过非常系统的学习。从道理上说，系统地学习效果会更好，但是从可行性的角度来看，这样非常耗时，即使各种知识都学会了，等到三四十岁时，可能问题本身都已经变化了，知识陈旧了、落伍了，而且缺乏应用驱动，我们可能早已心灰意冷、烦躁不堪了。所以，本书以操练为主，如果需要更多的编程知识，请参考书后的推荐书目。

笔者遇到过很多不同学科的研究生抱怨说，不知道现在学这么多课，将来有什么用？这世界变化快，况且我们还需要升学，需要写硕士论文和博士论文。我们最需要的能力其实是能够快速地把握各种学科的最新进展，并且将很多新的思路和技术运用到自己的研究中去。即使理论和技术并不到位，也可以通过合作的方式来进行研究。我们拥有计算机这样一个非常好的工具，许多学科的知识都已经形成了数据库和各种编程的工具包，不像十几年前很多功能都要自己从头开始写代码来实现。

从专业背景上看，文科生更适合人文数据库的构建工作。数据库技术本身不是最难的，难的是文理结合的方法与思路。计算机背景的学生，看似比文科学生更容易做好数据库的设计和编程工作，却由于缺乏领域知识而难以下手。从现实层面上看，文科背景的学者和学生更容易建设出高质量的人文数据库。所以，文科生不必胆怯，也不必妄自菲薄，都可以做得很好。

在本书基本成形之后，2024 年 1 月，我们在线上举办了"数字人文系列讲坛·数据库编程应用"八天免费讲座，以本书的精简版作为授课内容，来自海内外 43 所高校的90 多位同仁参加了讲坛。讲座取得了很好的教学效果。经过十天的课程学习，学员们在线上汇报了 40 多个数据库平台，很多文科博士生、硕士生在数据库构建与软件平台搭建方面遇到的问题得到了解决。感谢参加讲坛的主讲老师北京大学王军教授、中国社科院民族所龙从军教授、华中科技大学唐旭日教授、南京大学邱伟云副教授、南京农业大学刘浏副教授。感谢参加讲坛的所有同仁,你们在很大程度上给了我们出版这本书的信心。能应用于实践,能解决科研中的问题,方为出教材的初衷。感谢袁毓林教授的诸多指点,我才得以在澳门大学访问期间最后完稿。

感谢在本教材的写作和使用过程中提供思路和反馈的所有老师和同学。感谢2013 到 2024 学年"数据库编程""数据库应用""数字人文与数据库应用"三门课程的所有汉语言专业本科生、应用语言学研究生和旁听课程的同学。

笔者能力有限,也限于时间和精力,书中难免有错误疏漏之处,还望读者海涵,可以发邮件至 libin. njnu@gmail. com 进行讨论。非常感谢!

2024 年 6 月

金陵随园·澳大氹仔

目　录

第1章 概 论

1.1 什么是数据库

　　数据库是能够自动查询和修改的数据集,是结构化信息或数据的有序集合,一般以二进制形式存储在计算机系统中,由数据库管理系统来控制。我们身处大数据时代,数据被有序地存储在各种电子设备中,数据库起到了非常基础的作用。随着数据的不断扩大,数据应该如何组织,以满足高效的存储、查询和计算需求,一直是数据库技术攻坚的课题①。

　　实际上,我们日常使用的软件中超过90%都用到了数据库。例如微信、知乎就是典型的大型数据库。以微信为例,目前的用户已经超过了十亿,每天有数以亿计的用户相互发送文字和音视频消息。百度、谷歌等搜索引擎每天收集互联网上数以亿计的新页面,形成规模巨大的数据库,供全世界的用户搜索。各大购物门户网站和 APP 的访问量每日数以百亿计,百度、高德等地图软件为数以亿计的司机提供导航,携程、滴滴、美团等公司,也为我们的出行、游乐和饮食提供实时服务。数据库正在为我们提供着高质量的信息服务。

　　数据库是专为存储和管理大规模数据而生的,可以容纳的数据非常庞大。尤其是大型商业公司往往使用分布式的网络数据库,可以为用户提供迅速、便捷、精确的信息服务,例如阿里云就是典型的分布式网络数据库。

　　数据库存储的是数据。我们的生活是数字化生活,是被结构化了的生活。例如在订餐类服务软件中,每个人都有一个数字编号 ID,消费的时间、地点、交易额、购买的商品和服务、店铺、外卖小哥、快递路线等等都被记录下来,可以满足浏览、订餐、结账、评价等实际需求。

　　数据库不只是对数据的存储,更是对数据的查询、组织和利用。基于一定量的用户和交易信息,可以对用户进行美食推荐、商品服务推荐等,也可以对商家推荐菜品,便于商家根据用户喜好优化服务质量。

　　不难发现,数据库应用已经融入了我们日常生活的方方面面,持续不断地为我们提供全覆盖、高质量的信息服务。那么,数据库是如何做到这一切的? 让我们一起来回顾数据库的发展简史,特别是人类记录信息的历史。

---

　　① 当然,数据的安全性、保密性也非常重要,但不是本书的重点。

1.2　数字人文视角下的数据库

人类记录信息的方式经历了漫长的历史变革。早在计算机出现以前，"大数据"已经出现了，只是缺乏高效的数据存储与分析技术。回溯历史的长河，在文字出现以前，远古时代的人类就已经通过"结绳记事"的方式来克服口语转瞬即逝的缺陷，摆脱时空的限制来记录各种事物、储存信息。而在文字出现以后，信息的存储和传播方式更是得到了质的飞跃，人类用文字记录了大量的信息。甲骨文、楔形文字、古埃及文的出现都促进了人类文明的记录，著名的亚历山大图书馆据说就存储了50万卷图书①。

在古代中国，幅员辽阔、人口众多，没有微信之类的即时通信软件，如何实现对地方的管理呢？以"三省六部制"为例，它是中国古代一套著名的官制，其六部分别为吏部、户部、礼部、兵部、刑部、工部。每部各辖四司，分别处理诸如图书、史料、户籍、田地、商业、税收、军队管理等海量的基本信息。不难发现，官吏们面对这些信息，是有相当强烈的大数据管理需求的，但囿于当时的技术，只能主要依靠纸笔来进行记录和管理。其低效性，不仅表现为存储数据需要以文字书写这样耗时耗力的方式，更在于数据查询和利用时的不便。例如，在一大摞书卷中查找一个数据，在户部账册中查找一个普通老百姓的信息，分析某地区的税收情况，都需要耗费很多时间和人力。

古人也做出了诸多的努力，让查询变得更为快捷。例如，东汉的许慎在编制字典《说文解字》时，就运用了卡片索引方法，为每个字设置一根签，上面记录这个字的各种字形和解释。他对典籍中的用字进行排查，每遇到一个新字就加一根签。《说文解字》收录了9 353个汉字，这么大的数量，该如何查字呢？那个时代没有计算机，也没有拼音，他在前人的基础上总结出540个部首（如 人、口、手等）给汉字归档，部首内部再按笔画数排列，形成了后世沿用的部首检字法。许慎通过建立一种全新的索引方法，大大加快了查找一个字的速度，提高了查询效率。

不仅是字典检字，古代的图书馆也需要把图书分门别类地存放起来，便捷查询的重要性可见一斑。中国古代典籍一般按照经史子集的方式进行分类，清晰明确的分类方式可以大幅提高检索典籍的速度。以《四库全书》为例，其共收录书3 400多种，79 000多卷，分装36 000多册，总字数约9亿。当时由乾隆皇帝御批监制，从全国征集了3 800多文人学士会聚京师，历时10年，抄成7部，分别建阁深藏。可惜这种大型图书仅供上层人士阅读，世人难得一见。

---

①　Murray, Stuart. *The Library: An Illustrated History*. New York, Chicago: Skyhorse Publishing, 2009.

1.2.1 线性的书写与多维的数据

古代书籍的存放不容易,修著史书面临更大的困难,历史上如此多的事件,可以说是千头万绪。如何书写,以何为纲,怎样能方便地阅读和查检,都是难题。如果有数据库的存在,史官也许不用撰写那么多的文字,也不用考虑史书的体例,如同现在的大型历史类游戏一样,把各种数据都存放在数据库软件中即可。古人没有这么便利的工具,但他们发明出了编年体、纪传体、国别体、纪事本末体、书、表等不同的体例来修著史书,记录历史。显然,如果史官只记录表格,那么事件会呈现得过于碎片化,难以让人把握。史书是给后人看的,因而史官们需要考虑读者(大都是帝王将相)的阅读和查用需求。如果以时间顺序叙述,例如编年体的《左传》,那么很多事件同时发生的时候,就很难讲得清楚。以国家为纲(国别体),一个国家一个国家地叙述,内容依然很繁杂。但是到了汉代,已经是大一统的王朝,司马迁以人物为主线的叙事方式,书写出纪传体的巨著《史记》。但只讲人物也难以贯通历史全局,仍然需要《本纪》这样的以朝代为纲的记述。而一个大事件,例如战争,往往由许多不同的人物参与,纪传体强调了人物,却对事件的完整性有一定损失。所以,《史记》还包括了一些年表和杂陈事项便于查阅,后世的断代正史也多采用《史记》的体例。宋代的历史巨著《资治通鉴》为了贯通古今,又转回了编年体。而注重事件完整性陈述的纪事本末体,到了南宋史家袁枢的《通鉴纪事本末》才比较成熟。

历史图书体例变化的缘由,表面上看是书写材料的问题、体裁的问题、史官的问题等,实际上可以归结为这样一句话——"史书的叙述是线性的",古代的史官无法逃离文字线性书写的牢笼,只能不断尝试更好的文体结构。计算机诞生之后的数据库可以存储和管理多维的数据,从而给予我们前所未有的记录和分析历史的能力。

以中国历代人物传记资料库CBDB[①]为例,该库收录了中国历史上数十万人物的传记资料,包括每个人的性别、生卒年、官职、亲属关系、交友关系、相关地点(祖籍、做官地点)等丰富的信息。这些信息如果用传统的文字书写是枯燥而冗长的,记录下来只是给人阅读方便,用简单列表的方式也难以记录清楚复杂的关系,且很难进行统计分析。而在CBDB数据库中,可以快捷地统计出男女比例、平均寿命、家族关系等,特别是著名人物的交友网络和游历轨迹,这对传统的历史与文学研究都大有裨益。

历史方面如此,语言学更是借助数据库技术大踏步前进。在语料库语言学领域,主要就是依靠数据库技术来存储和分析语言数据。各种语言文字都在不断地进入数据库之中。比如语言类型学的跨语言知识库——世界语言结构地图(World Atlas of Language Structures,WALS[②])由德国马普所开发,从诸多的语言研究论著中汇集出世界上2 600多种语言的语音、词汇和语法特征(共190多种),基于各种语言的地理空间GIS信息,可以根据研究者的需要做亲属关系判定、语言演化分析等各种时空分析和可

---

① https://projects. iq. harvard. edu/chinesecbdb/home

② https://wals. info/

视化展示。我国对全国各民族语言包括方言的调查,也逐步采用了数据库的方式,相比传统的纸质调查手册,可以更好地保存、统计和分析语言的面貌与特性。北京语言大学建立的大规模汉语语料库 BCC① 和动态作文语料库②被汉语研究界广泛使用。

1.2.2　数字人文的兴起与发展

数字人文(digital humanities, DH),顾名思义,就是应用数字技术来研究人文学科问题的交叉学科。这里的数字技术比较宽泛,可以包括数字化技术和各种计算技术,人工智能、大数据、大模型、虚拟现实、元宇宙等都可以作为技术手段。"数字人文"的相关名称还有"人文计算"(humanistic computing)、"社会计算"(social computing)、"计算人文"(computational humanities)等。数字人文在文学、语言学、历史学、哲学、人类学、社会学、法学、美术、音乐等学科都有着广泛的应用前景。

数字人文的早期工作,西方一般认为是 20 世纪 40 年代罗伯特·布萨(Roberto Busa)在 IBM 公司的技术支持下,对托马斯·阿奎那的著作进行的计算机索引。这项工作持续了半个多世纪,直到 2005 年才出版了光盘版的计算机程序。1966 年,数字人文领域的第一本期刊《计算机与人文》(*Computers and the Humanities*)创刊。1977 年成立的计算机与人文协会(Association for Computers and the Humanities,ACH),是数字人文领域的主要学术组织,每年举办 ACH 和 DH 系列国际会议。2004 年,美国学者约翰·昂斯沃斯(John Unsworth)等主编的论文集《数字人文指南》(*A Companion to Digital Humanities*)产生了广泛影响,"数字人文"这一术语被广泛接受。

如果对数字人文进行历史分期,可大致分为三个时期:

(1)萌芽期。计算机诞生之前,使用量化方法进行人文研究,以编词典、制作索引、编排目录、量化研究历史等工作为代表。

(2)初创期。计算机诞生以后,使用计算机将图书电子化,以编制计算机索引、进行量化研究为代表。

(3)发展期。20 世纪 90 年代以来,随着计算机软硬件的快速发展,个人计算机、手机、互联网的普及,海量的电子文本、音频、图片、视频、三维影像等多媒体数据不断涌现,给人文学科研究带来了前所未有的丰富材料。而近年来大数据和人工智能技术的飞速发展,更是给人文研究提供了强大的技术支撑,人文研究正处于学科交叉研究的上升期。

1.2.3　数字智能时代的机遇与挑战

数字化技术和智能技术给传统的人文研究带来了诸多新的机遇,也带来了很多新问题、新挑战。首先,文献的阅读和书写方式从纸质材料为主转变到电子文档为主,节约了查阅资料的时间精力,又可以使用计算机来自动处理,提高了效率。但对于纸质图

① http://bcc.blcu.edu.cn/

② http://hsk.blcu.edu.cn/,需注册使用。

书的远离,也会产生对版本、版式甚至体例内容方面了解过少的问题,所以仍需要保持一定量的纸质原著阅读。其次,给传统的教学与学习模式带来挑战,百度、知乎、B 站上大量的人文与计算机类课程与经验贴,使学生可以快速地了解专业知识。但是互联网上的知识是琐碎的,质量参差不齐,需要教师在授课过程中以数字人文的核心思想为纲,讲解必要的技术。对于课堂上无暇顾及的许多内容,例如高等数学、计算机软硬件基本原理、网站制作、界面设计、美工特效、视频素材制作、可视化技术等,可以引导学生在课后自学,最终形成较为完整的、个性化的、新颖的知识结构。这对提升学生的自学能力与组织能力也大有裨益。

1.2.4　数字人文的学科特点

数字人文,既需要传统文科的知识体系作为定性研究的支撑,又需要各种新技术作为定量与建模计算分析的基础,因此是一门综合性、交叉性非常显著的学科。

（1）研究对象和研究内容涉及各类学科,需要大量不同领域的知识

人文学科研究内容包罗万象,涉及人类知识的方方面面,例如文学、语言、历史、哲学、艺术、法律、教育等等。数字人文自然需要以传统人文学科已有的方法为基本的指导,解决研究问题。

（2）数字人文的数字化和计量需要各种计算技术

数学、计算机和人工智能技术在数字化和计量研究中扮演了重要角色。具体来说,数学中的计算数学、数学建模、微积分、线性代数、数理统计、离散数学、复杂网络等都是基本的数学工具。计算机科学与技术中的人工智能技术（机器学习、自然语言处理、图像文字识别技术、知识工程、知识图谱等）、信息检索技术（全文检索、词检索、多模态检索等）、程序设计（C、Python、JavaScript 等）、数据库技术（网络数据库、数据安全、多模态数据库等）、人机交互技术（可视化技术、用户界面设计、用户画像等）、虚拟现实（VR、AR、元宇宙等）、互联网技术（多终端联动等）是进行统计、计算和网络检索与可视化服务的支撑。

（3）研究方法与研究人员的交叉性

要分析和处理某个领域的问题,既需要与该领域的专家学者合作,根据其专业领域的知识体系进行研究,还需要与计算技术的专家合作,根据具体的问题,以计算建模的方式进行定量研究,形成定性的结论和知识服务。通晓专业领域与计算技术的复合型人才往往能更加得心应手地进行这种交叉研究。

本书重点研究的是文本,特别是古籍文本的结构化工作。

1.2.5　数据的结构特性:结构化与非结构化数据

数据,是指记录信息的连续性或离散性的数值集合。在计算机内存储的数据一般分为结构化数据和非结构化数据。所谓结构化,是指数据根据一定的规则被组织成表格结构,结构信息使得数据具备了更为多样的关系和含义,例如账簿、人口统计表等。非结构化,指没有经过组织,较为混乱地排列,例如一堆 Word 文档、许多原始图片等。

还有一些半结构化的数据，具备部分的结构特点，但组织度仍不高，例如手机里的照片，具备了拍摄参数、拍摄地点等信息，也按照时间顺序进行了存储，但是还没有严格按照结构关系进行整理。

本书讲述的是把非结构化和半结构化的数据整理为结构化数据，即数据库形态。

1.2.6 数据来源：机采数据与人工数据

从计算机的角度来说，数据的来源无非有两类：机采数据和人工数据。第一类是机器采集的数据，比如各种传感器（摄像头、麦克风、压力计、陀螺仪、气压计、温度计、湿度计等）采集的数据，其本身就是数字化的，内容客观，意义明确，很容易被机器保存和处理。第二类则是人工整理和录入的数据。这些数据往往难以直接由机器录入，通常具备较高的主观性。比如人类书写的文章，网络上的各种帖子，购物网站上的评价，古代典籍、书法作品、音乐与绘画作品等等，甚至也包括由图片扫描识别为文字的书籍文章。这些数据是由人创作的，需要通过扫描、录入等方式转化为机器能够存储的数据。人工数据虽然已经可以被计算机存储，但其意义难以被计算机直接把握，处理难度较大。计算语言学着力于人类语言的自动理解，人工数据正是计算语言学所关注的领域。数字人文要解决的主要问题就是将非结构化的传统人文领域的人工数据整理为结构化的数据。

1.3 数据库发展简史

随着 1946 年，电子计算机的诞生，计算机学家开始探索各种学科领域的数据化。数据库技术也伴随着计算机软硬件的进步而逐步发展。20 世纪 60 年代是数据库的快速形成期，当时美国建立的全球海军基地信息库（US Navy Bases）成为数据库的雏形。到了 1968 年，IBM 等公司研制的层次模型数据库系统问世。紧随其后的 1969 年，网状数据库系统也登上了历史舞台。而到了 1970 年，IBM 的科德（Edgar F. Codd）提出的"关系数据库"发展成为主流的数据库架构。

20 世纪 80 年代末以来，随着桌面计算机逐步普及，DBASE、FoxBase 等个人电脑数据库相继出现，FoxPro 在 2000 年之后逐步成为桌面级数据库的佼佼者。金融、经济等领域企业级大型数据库也不断出现，如甲骨文公司的 Oracle，IBM 公司的 DB2 等。随着互联网的快速发展，能够提供网络远程数据服务的网络数据库逐步成为主流。

目前主流的数据库主要有中小型数据库和企业级数据库两大类。中小型数据库以微软的 FoxPro、Access 以及甲骨文公司的 MySQL 为代表；企业级数据库以微软的 SQL Server、IBM 的 DB2、Oracle 以及阿里云等为代表。不难发现，过去的数据库主要是欧美的数据库产品，现在国内的数据库公司不断崛起，开发了诸多大型数据库软件，如 OceanBase 等。主要的数据库软件如表 1-1 所示。

表 1-1 数据库软件介绍

规模	公司	数据库	类型	单机/网络版
中小型	微软	FoxBase	关系型	单机版
	微软	FoxPro	关系型	单机版
	微软	Access	关系型	单机版
	甲骨文	MySQL	关系型	单机/网络版
大型	甲骨文	Oracle	关系型	网络版
	微软	SQL Server	关系型	网络版
	IBM	DB2	关系型	网络版
	阿里	OceanBase	关系型	网络版

前文曾提到,古人面对海量的数据信息,有极为强烈的管理需求,却囿于技术的时代局限性,只能主要依靠纸笔来进行记录和管理。其低效性,不仅表现于存储数据需要以文字书写这样耗时耗力的方式,更在于数据查询和利用时的低效性。

如今,数据库打破了传统的历史叙述中的主观性,可以容纳各种数据的"一切历史"数据库技术给历史研究带来新机遇。首先,数据库技术可以更加客观地记述历史。过去的历史就像"旧时王谢堂前燕",主要着眼于帝王将相,很少能够"飞入寻常百姓家",记载普通人的生活和事件。而以海量的古代文本作为基础数据,把古代的文本全部收集到我们的数据库中,我们就能不再局限于帝王将相的丰功伟绩,拘泥于才子佳人的风流韵事,可以客观地显现出广大人民的历史,展示出整个历史社会的现实。通过数据库技术,可以更好地完成历史全貌的呈现。

以中国历代人物传记资料库 CBDB 为例,无论是秦皇汉武,还是唐宗宋祖,在数据库中都仅仅是一条记录。记录他们的内容,也许比普通人丰富许多,但是绝不会像二十四史那样,有意识地为人物划分阶层,树碑立传。换言之,这就如同今天数字技术平等地记录每个人的数字化生活一样,并没有刻意地区分数据的重要性。数据库技术,为我们提供了还原古代社会全景的可能性和可行性。

本书主要以 Access 和 MySQL 数据库作为教学内容。两者作为最流行的关系型数据库管理系统,在应用方面各有特色。前者适合数据的录入、整理与统计分析,后者更适合面向网站的软件开发。

本章作业

1. 通过互联网了解数据库的最新业态,你知道哪些数据库? MySQL 被应用于哪些网站的开发中?

2. 通过 CNKI 等学术期刊网查询,了解人文研究中重要的基于数据库的研究工作。

第2章 Access 数据库操作

2.1 引 言

Access，全称 Microsoft Access，是微软开发的一种关系型数据库管理系统，常作为 Office 套件的一部分为用户提供服务。它是一种简单易上手的数据库工具，适用于个人用户和小型团队管理和处理数据。因此，本书选择 Access 作为数据库初步探索的软件。本章以学生信息表为例，讲解数据库中数据表的简单操作，并以《全唐诗》为案例，尝试构建一个简单的古籍数据库，并进行基础的查询设计。通过这个案例，读者将学习如何使用 Access 创建和管理数据库，以及如何设计和执行基本的数据库查询，从而进一步理解数据库的核心概念和功能，熟悉古籍数据库构建的基本流程。

2.2 Access 软件的安装

Access 作为微软 Office 的组件之一，安装较为简便，建议安装 Access 的最新版本。本书以 Access 2019 为例进行讲解。在安装 Office 时，勾选安装 Access 即可，如图 2-1 箭头所示，点击"下一步"执行正常安装流程。

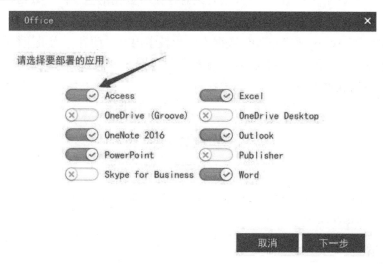

图 2-1 安装 Access

2.3　数据库与数据表的构建

安装好 Access 之后，就可以进行数据库和数据表的构建。首先，我们新建一个空白数据库，如图 2-2 所示。

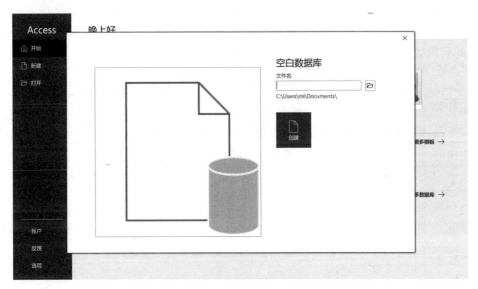

图 2-2　新建空白数据库

点击创建菜单栏下的表，新建一张空白表，如图 2-3 所示。

图 2-3　新建空白表

此时我们得到如图 2-4 所示的数据表视图。

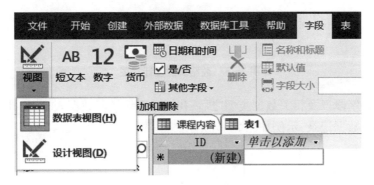

图 2-4　数据表视图

一张数据表(table)，通俗地说，类似于 Excel 中的一张表，或者 Word 中的一个表格。数据表由行(row)和列(column)构成，图 2-6 就是一个典型的数据表。这里以学生的个人信息作为实例，例如姓名、性别、分数等，进行一些实际操作演练。学生的姓名(name)作为列的名称，"小明""小红"作为具体的姓名填在表格里。这样，一个学生的信息就作为一行来呈现。

在数据库中，列一般被称为"字段"(field)；而行一般被称为"记录"(record)。在"数据表视图"下，我们可以看到横轴为一条条的记录，纵轴为一个个的字段。

每个字段需要设置其数据类型，这对初学者是一个挑战。数据有许多不同的类型，典型的字段类型如表 2-1 所示。

表 2-1　典型的字段类型

字段类型	说　明	应用示例
文本	可保存文本或数字，最大值为 255 个中文或英文本符	姓名
备注	可保存较长的文本叙述，最长为 64 000 个字符	个人简介
数字	只可保存数字	考试分数
日期/时间	可保存日期及时间，范围 100/1/1 至 9999/12/31	出生日期
货币	可保存数字，会自动加上千位分隔符及 ¥ 符号	每个月的生活费
自动编号	内容为数字的流水编号，新增记录时，Access 会自动在此栏输入内容为数字的编号	学生编号
是/否	其值为是或否的字段，可使用鼠标打钩 ✓	性别
OLE 对象	内容为非文本、非数字、非日期的内容，也就是来自其他软件制作的文件或文件	个人证件照
超链接	内容可以是文件路径、网页的名称等，单击打开	个人主页

我们可以切换进设计视图来查看详细的字段名称以及数据类型。打开数据表的设计视图，可以在图 2-5 中的第一列写上字段的名称，在第二列选择字段的类型。由于性别只有两性之分，故而我们可以将其设置成是/否的数据类型。

字段名称	数据类型
ID	自动编号
name	短文本
score	数字
dob	日期/时间
gender	是/否
fee	货币

图 2-5　数据表的设计视图

在设置好字段以及相关数据类型之后，我们重新切换回数据表视图，即可开始导入每一位同学的数据记录，示例如图 2-6 所示。

ID	name	score	dob	gender	fee
1	小明	96	2003/7/20	☑	¥1,000.00
5	小红	100	2002/12/9	☐	¥3,000.00

图 2-6　导入数据记录

认识了基础的数据类型并了解了 Access 数据库系统之后,我们就可以对数据进行一些更高级的操作。

练习

1. 在图 2-6 新建的学生信息表中,再自行增加 10 条以上的记录。
2. 参照图 2-6,重新设计一个自己感兴趣的数据表。

2.4　《全唐诗》数据导入

如果每个数据都人工录入,效率自然非常低下。Access 提供了导入外部数据的功能,可以将已有的 Excel、txt 等数据导入。以《全唐诗》文本为例,我们可以将 Excel 版本的数据文件 tangshi.xlsx① 导入 Access 之中,如图 2-7 所示。

图 2-7　将 Excel 中的数据导入 Access

《全唐诗》收录了唐代大部分诗人的作品,包括数万首诗歌,涵盖各种题材和风格。因此,作为数据库数据来源,它提供了全面而完整的唐代诗歌资源。本教程所提供的全唐诗数据材料,以结构化的形式存储,方便进行数据管理、检索和分析,目的是让学习者感受到数据库进行大规模数据处理和挖掘的便利。

导入数据的过程分为以下几步:

首先,新建一个名为“quantangshi”的数据库。点击菜单栏的“外部数据”,点击“新数据源”,选择从文件下的 Excel,如图 2-8 所示。

---

①　该版本由百度搜索而来,出于版权考虑,又混入了一些错误的文本,仅作为教学使用。下载地址:https://github.com/GoThereGit/textbooks。

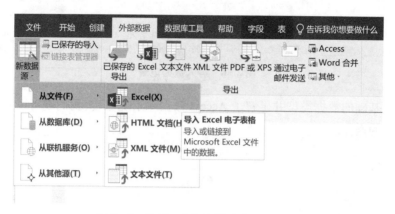

图 2-8 将 Excel 中的数据导入 Access

点击"浏览"，找到 tangshi. xlsx 文件，如图 2-9 所示。

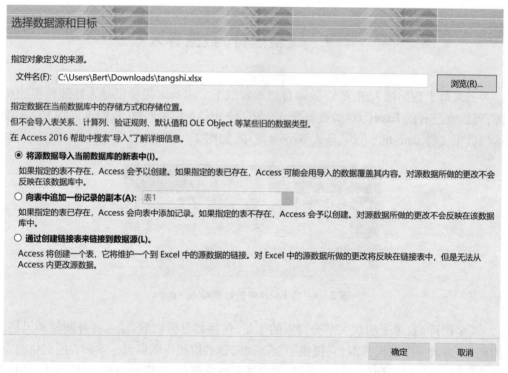

图 2-9 选择数据源和目标

点击"确定"后会出现数据预览，点击"下一步"，如图 2-10。

接下来，按照提示依次调整每个字段的字段名称、数据类型。注意：先不要点击"下一步"，等调整完所有字段后再点击"下一步"。除了 ID 字段为"长整型"，其他字段的数据类型选择"短文本"，诗歌内容选择"长文本"，如图 2-11 至 2-15 所示。

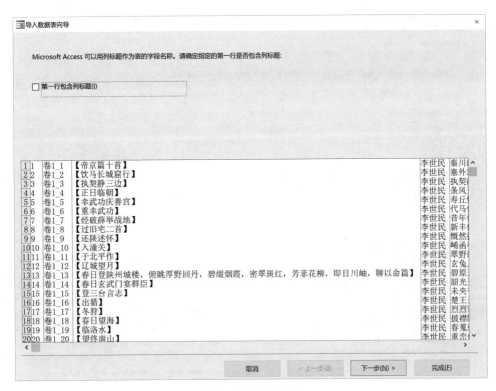

图 2-10 数据预览

点击第 1 列，进行字段 1——"ID"字段设置，如图 2-11 所示。

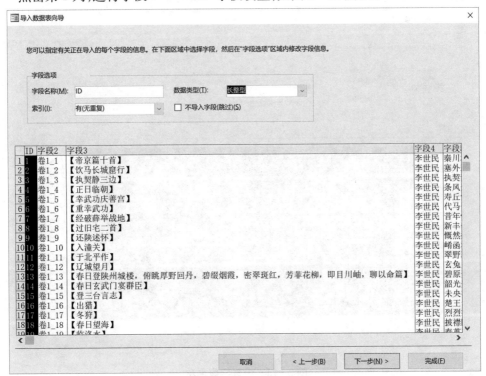

图 2-11 导入数据表

点击第 2 列, 进行字段 2——"volume"字段设置, 如图 2-12 所示。

图 2-12　设置字段名称

点击第 3 列, 进行字段 3——"title"字段设置, 如图 2-13 所示。

图 2-13　设置字段名称

点击第 4 列,进行字段 4——"author"字段设置,如图 2-14 所示。

图 2-14　设置字段名称

点击第 5 列,进行字段 5——"text"字段设置,如图 2-15 所示。

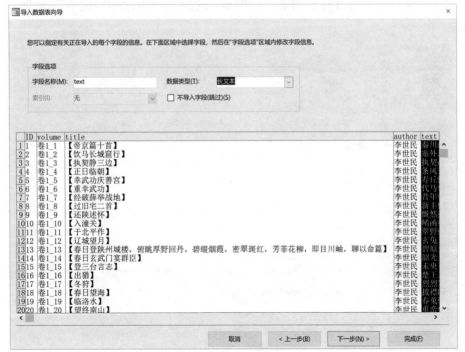

图 2-15　设置字段名称

设置完所有字段之后，点击"下一步"，选择"我自己选择主键"，然后从下拉框中选择ID，点击"下一步"，如图2-16所示。

图2-16　选择主键选项

接下来选择导入的目标数据表，将Sheet1改为tangshi，点击"完成"，如图2-17所示。

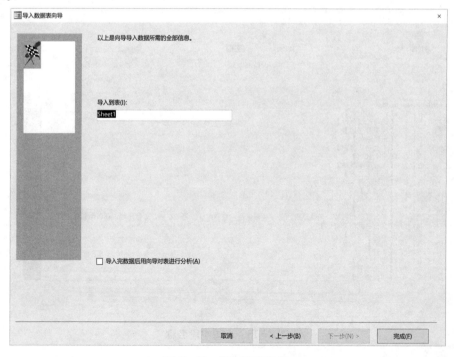

图2-17　导入数据信息

如图 2-18 所示，数据表已经成功导入。

1	卷1_1	【帝京篇十首】	李世民	秦川雄帝宅，函谷壮皇居。绮殿千寻起，离宫…
2	卷1_2	【饮马长城窟行】	李世民	塞外悲风切，交河冰已结。瀚海百重波，阴山…
3	卷1_3	【执契静三边】	李世民	执契静三边，持衡临万姓。玉彩辉天烛，金…
4	卷1_4	【正日临朝】	李世民	条风开献节，灰律动初阳。百蛮奉遐赆，万…
5	卷1_5	【幸武功庆善宫】	李世民	寿丘惟旧迹，酆邑乃前基。粤予承累圣，悬…
6	卷1_6	【重幸武功】	李世民	代马依朔吹，惊禽愁昔丛。况兹承眷德，怀…
7	卷1_7	【经破薛举战地】	李世民	昔年怀壮气，提戈初仗节。心随朗日高，志…
8	卷1_8	【过旧宅二首】	李世民	新丰停翠辇，谯邑驻鸣笳。园荒一径断，苔…
9	卷1_9	【还陕述怀】	李世民	慨然抚长剑，济世岂邀名。星旗纷电举，日…
10	卷1_10	【入潼关】	李世民	崤函称地险，襟带壮两京。霜峰直临道，冰…
11	卷1_11	【于北平作】	李世民	翠野驻戎轩，卢龙转征旆。遥山丽如绮，长…
12	卷1_12	【辽城望月】	李世民	玄兔月初明，澄辉照辽碣。映云光暂隐，隔…
13	卷1_13	【春日登陕州城楼，	李世民	碧原开雾隰，绮岭峻霞城。烟峰高下翠，…
14	卷1_14	【春日玄武门宴群臣	李世民	韶光开令序，淑气动芳年。驻辇华林侧，高…
15	卷1_15	【登三台言志】	李世民	未央初壮汉，阿房昔侈秦。在危犹骋丽，居…
16	卷1_16	【出猎】	李世民	楚王云梦泽，汉帝长杨宫。岂若因尘暇，阅…
17	卷1_17	【冬狩】	李世民	烈烈寒风起，惨惨飞云浮。霜浓凝广隰，冰…
18	卷1_18	【春日望海】	李世民	披襟眺沧海，凭轼玩春芳。积流横地纪，疏…
19	卷1_19	【临洛水】	李世民	春蒐驰骏骨，总辔俯长河。霞处流萦锦，风…
20	卷1_20	【望终南山】	李世民	重峦俯渭水，碧嶂插遥天。出红扶岭日，…
21	卷1_21	【元日】	李世民	高轩暧春色，邃阁媚朝光。彤庭飞彩旆，翠…
22	卷1_22	【初春登楼即目观作	李世民	凭轩俯兰阁，眺瞩散灵襟。绮峰含翠雾，照…
23	卷1_23	【首春】	李世民	寒随穷律变，春逐鸟声开。初风飘带柳，晚…
24	卷1_24	【初晴落景】	李世民	晚霞聊自怡，初晴弥可喜。日晃百花色，风…
25	卷1_25	【初夏】	李世民	一朝春夏改，隔夜鸟花迁。阴阳深浅叶，晓…
26	卷1_26	【度秋】	李世民	夏律昨留灰，秋箭今移晷。峨嵋岫初出，洞…

图 2-18　导入成功

　　我们可以看到 Excel 数据表被导入"quantangshi"数据库的"tangshi"数据表中。将表格拉到最下方，就可以看到诗歌数量总数为 42 652 首。此时，每一列的标题仍然是自动生成的，需要在设计视图中修改字段的名称为"ID""卷码""诗题""作者""正文"。

　　还可以通过和 Excel 相似的"查找"和"筛选"功能来进行简单检索。例如可以"筛选"出"李白"的所有作品，共 890 首，如图 2-19 所示。

ID	卷码	诗题	作者	正文
729	卷17_4	【乐府杂曲·鼓吹曲辞·上之李白		三十六离宫，楼台与天通。阁道步行月，美人愁烟空。恩…
732	卷17_7	【乐府杂曲·鼓吹曲辞·战城李白		去年战桑干源，今年战葱河道。洗兵条支海上波，放马天…
746	卷17_21	【乐府杂曲·鼓吹曲辞·将进李白		君不见黄河之水天上来，奔流到海不复回。君不见高堂明…
749	卷17_24	【乐府杂曲·鼓吹曲辞·君马李白		君马黄，我马白，马色虽不同，人心本无隔。共作游冶盘…
757	卷17_32	【乐府杂曲·鼓吹曲辞·有所李白		我思仙人，乃在碧海之东隅。海寒多天风，白波连山倒蓬…
762	卷17_37	【乐府杂曲·鼓吹曲辞·雉子李白		辟邪伎作鼓吹惊，雉子班之奏曲成。喔咿振迅欲飞鸣…
825	卷18_45	【横吹曲辞·折杨柳】	李白	垂杨拂绿丝，摇艳东风年。花明玉关雪，叶暖金窗烟。美…
833	卷18_53	【横吹曲辞·关山月】	李白	明月出天山，苍茫云海间。长风几万里，吹度玉门关。汉…
845	卷18_65	【横吹曲辞·洛阳陌】	李白	白玉谁家郎，回车渡天津。看花东上陌，惊动洛阳人。
859	卷18_79	【横吹曲辞·紫骝马】	李白	紫骝行且嘶，双翻碧玉蹄。临流不肯渡，似恐锦障泥。
869	卷18_89	【横吹曲辞·幽州胡马客歌】	李白	幽州胡马客，绿眼虎皮冠。笑拂两只箭，万人不可干。弯…
870	卷18_90	【横吹曲辞·白鼻騧】	李白	银鞍白鼻騧，绿地障泥锦。细雨春风花落时，挥鞭且就胡…
873	卷19_2	【相和歌辞·公无渡河】	李白	黄河西来决昆仑，咆吼万里触龙门。波滔天，尧咨嗟，大…
893	卷19_22	【相和歌辞·登高丘而望远】	李白	登高丘而望远海，六鳌骨已霜，三山流安在？扶桑半摧折…
900	卷19_29	【相和歌辞·对酒二首】	李白	松子栖金华，安期入蓬海。此人古之仙，羽化竟何在。浮…
901	卷19_30	【相和歌辞·陌上桑】	李白	美女渭桥东，春还事蚕作。五马如飞龙，青丝结金络。不…
908	卷19_37	【相和歌辞·日出行】	李白	日出东方隈，似从地底来。历天又入海，六龙所舍安在哉…

记录：|◀ ◀ 第 1 项(共 890 项 ▶ ▶| ▶* ▼ 已筛选 搜索

图 2-19　筛选结果显示

但仅仅这样操作，看不出来 Access 比 Excel 多出什么新功能。下一节我们将领略 Access 的特有能力，比如每位诗人写了多少首诗，哪些诗人作诗最多或流传下来的诗最多，等等。大家可以猜一猜，在这个数据表中，谁写的诗最多？待会儿揭晓答案。

2.5 Access 的查询功能

2.5.1 诗人作品数量的统计

《全唐诗》的作者很多，每位诗人到底写了多少首诗，靠人力统计过于耗时耗力。如何通过数据库的方法解决这个问题？我们可以从"查找重复项"入手，只要查找并统计出"作者"这一字段中重复出现的字段次数，就可以统计出每位诗人一共写了多少诗。

与此同时，新的查询中也会显示总记录数，因此我们也可统计出一共有多少诗人被收录入《全唐诗》。那么该如何进行操作呢？

首先，打开创建菜单下的查询向导，可以看到"查找重复项查询向导"，这一向导可以帮助我们在单一表或查询中查找具有重复字段值的记录，如图 2-20 所示。

图 2-20 新建查询

然后,我们选中《全唐诗》表中的"作者"字段,将其添加入查找"重复值字段"中,如图2-21所示。

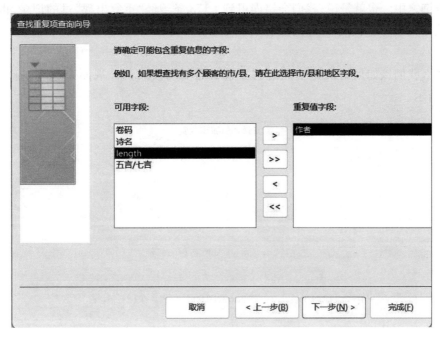

图 2-21　查找重复项查询向导

需要注意的是,在最后一步中,我们不应直接选择"查看结果",而是需要点击"修改设计",切换入设计视图,如图2-22所示。

图 2-22　修改设计

进行这一操作目的是避免直接查看结果后，产生的"查询重复项"会默认查询"重复出现的记录"的情况。如果按照默认操作，那么写诗数目为 1 的诗人将不会出现在新的查询之中。也就是说，我们会错误得到 1 173 条曾经"重复出现"过的记录，也就是写诗数目大于等于两首的诗人数目，而只写了一首诗的诗人将被默认查询无情"跳过"。

那么我们该如何解决这个问题呢？这就需要切换入设计视图来进行操作，如图 2-23 所示。

图 2-23　切换入设计视图

在 NumberOfDups 字段中，原始条件为 >1，这一条件代表筛选出的重复项都是出现次数 >1 次的记录，我们只需将 1 改成 0，即可筛选出"重复一次"的记录，即只有一首诗被收录入《全唐诗》的诗人。

再次切换回"数据表视图"，我们可以发现，相较于默认查看结果得到的查询，修改之后的查询记录数目变成了 2 536 条，增加了 1 200 余条记录，这增加的记录正是先前所忽略的只有一首诗收录其中的诗人数量。

因此，我们可以得到诗人的总数为 2 536 位以及每位诗人写诗的数量。这个结果得到的是如此之快，让许多依靠手工操作统计的同学心动不已。如果我们选中 NumberOfDups，再点击"开始"菜单中的"降序"按钮，就可以得到作家排序，如图 2-24 和 2-25 所示。

白居易	2641
杜甫	1158
李白	890
	812
齐己	772
刘禹锡	703
元稹	593
李商隐	554
韦应物	551
贯休	539
陆龟蒙	519
许浑	507
刘长卿	505
皎然	498
杜牧	494
罗隐	469
张籍	463
姚合	458
钱起	429
贾岛	405
孟郊	402
王建	393
岑参	388
韩愈	371
张祜	366
皮日休	353
王维	350

图 2-24　排序选项　　　　　　图 2-25　作家检索结果

作品数量前三的诗人分别是白居易、杜甫、李白,他们不愧为唐代诗人的杰出代表。可以试试检索,看还有哪些你感兴趣的诗人?

2.6　诗人作品数量的计量

在获得了每一位诗人写诗的降序数目(如图 2-26 所示)之后,我们还可以进行一些特殊的统计,比如哪些诗人的诗作数量相同。

我们很容易发现,写诗数量名列前茅的诗人,他们写诗量的数值差异巨大;而与之相对,写诗数量偏少的诗人之中(例如只有一两首诗被收录其中),写出同样诗作数目的诗人人数相对较多。

那么,基于这样的观察,我们可否得出一个大胆的推论——诗人的写诗量与写作数目相同的诗人数量成反比,近乎符合齐夫定律(Zipf Law)①。

---

　　① 齐夫定律:如果把每个词在一篇文献中的出现频率 F 按照频率值从高到低递减的顺序排列,并用自然数从小到大标以排列的次序号 R,如果发现:R · F = C,C 是一个围绕中心值上下波动的常数,这个词频规律称为齐夫定律。参见 George K. Zipf. *Human Behavior and the Principle of Least Effort.* Addison-Wesley, 1949.

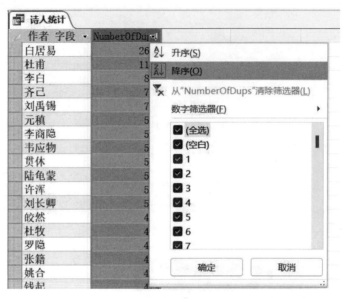

图2-26　诗人作品数量的降序排列

为了验证我们的假设，可以将诗人的诗作数量进行可视化的呈现，借此来对数据进行更深入的探究。

在前述的查询列表中，我们可以得到每一位诗人写诗的数目。基于这一查询表，我们可以再进行一次"查找重复项"，从而得出写诗数目相同的诗人的数量以及他们的写诗量。

但是这里又出现了一个新的问题。再一次"查找重复项"，我们的字段名称易变得复杂冗长，表达并不直观。那么，为何不直接修改字段名称呢？这是因为查询表中并不能够修改字段名称。想解决这个问题，有一个相对简单的方法，就是将查询结果保存为普通的数据表，具体操作步骤如下。首先，在查询的结果表上点击"设计"菜单栏，点击"生成表"，输入生成表的名称为"写诗量相同的诗人统计"，点击"确定"，然后点击"运行"，就会将查询结果保存为一个新的数据表，如图2-27所示。

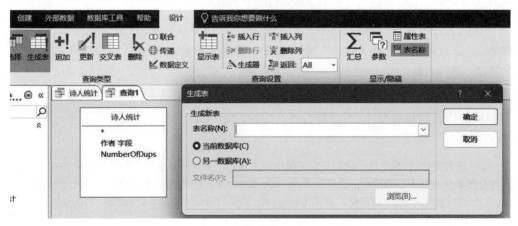

图2-27　生成新数据表

现在我们就得到了一个新的数据表。在这个新的数据表中,我们可以对字段名称进行修改。这样修改会大大提高数据表的安全性。

我们将刚才的查询重新生成一个数据表,两者的区别可不仅仅是能否修改字段名称这么简单。那么,两者的区别又在哪里呢?主要区别在于能否修改数据:查询得到的数据结果一般是不能修改的,而数据表是可以修改的。为什么我们如此看重是否可以修改数据呢?这是因为在 Access 中,修改数据的操作是不可撤销的,需要特别重视这一点,这跟 Excel 完全不同。

基于新生成的数据表,我们就可以按照章节 2.5.1 的内容进行重复项统计了。写诗量相同的诗人统计结果如图 2-28 所示。千万别忘记刚才重复次数为 1 次的那些记录。

诗人统计 | 查询1 | 诗人作品统计 | 写诗量相同的诗人统计

诗人作品数	NumberOfDu
1	1363
2	363
3	174
4	110
5	57
6	47
7	37
8	17
9	19
10	9
11	11
12	17
13	13
14	4
15	15
16	8
17	13
18	6
19	8
20	5
21	6
22	7
23	2
24	2
25	2
26	7
27	5
28	2
29	10
30	3

图 2-28 写诗量相同的诗人统计

现在我们将数据按照诗人作品数进行降序排列,可以直观感受到,这个结果和齐夫定律已经比较相似了。截至目前,我们已经从原始的全唐诗数据表中挖掘得到了验证齐夫定律所需要的基本数据。

2.7　诗文字数的统计

　　每首诗的字数不尽相同，既有李白长达 82 个字的《行路难》，又有短到只有 20 个字的五言绝句。那么，《全唐诗》里面的诗到底有多长，集中于哪些字数，从技术上该如何计算得出每首诗的长度呢？

　　在前文所学内容中，我们通过生成表查询得到了一个新表。在新生成的表中，我们可以追加记录或者字段，换言之，就是可以对表的记录进行增删修正。这一操作的进阶版就是用特定的参数来进行高级的函数计算，从而实现对大规模记录的"一键操作"。

　　那么，我们该如何用 Access 中的函数工具来计算每首诗的长度呢？我们发现，在数据库中，字数的多少可以通过字符串的数目直观地体现。所以，我们可以计算出每首诗的字符串数目，从而得到每首诗的长度。

　　这里需要使用到更新查询。更新查询，就是在原始表的数据上进行数据的更新。在 Access 中，大部分修改数据的操作是不可撤销的，更新查询就是不可撤销的操作之一，它会更新原始数据表原有的字段，因而需要格外慎重。

　　为了求得诗词正文的长度，我们首先需要在原始表中新建一个字段，便于后续在这一字段中计算正文长度。打开设计视图，设定好字段名称为 length，数据类型为数字，如图 2-29 所示。

字段名称	数据类型
卷码	短文本
诗题	短文本
作者	短文本
正文	长文本
length	数字

图 2-29　设定新字段及其数据类型

　　再次切换为数据表视图，我们可以看到多出了一段空白的字段"length"，这样一来，我们便为每首诗词的长度之数留下"安身之所"，如图 2-30 所示。

ID	卷码	诗题	作者	正文	length
1	卷1_1	【帝京篇十首】	李世民	秦川雄帝宅，函谷壮皇居。绮殿千寻起，离宫百雉余。连	
2	卷1_2	【饮马长城窟行】	李世民	塞外悲风切，交河冰已结。瀚海百重波，阴山千里雪。迥	
3	卷1_3	【执契静三边】	李世民	执契静三边，持衡临万恨。玉彩辉关烛，金华流日镜。无	
4	卷1_4	【正日临朝】	李世民	条风开献节，灰律动初阳。百蛮奉遐赆，万国朝未央。虽	
5	卷1_5	【幸武功庆善宫】	李世民	寿丘惟旧迹，酆邑乃前基。粤予承累圣，悬弧亦在兹。弱	
6	卷1_6	【重幸武功】	李世民	代马依朝吹，惊禽愁昔丛。况兹承眷德，怀旧感深衷。积	
7	卷1_7	【经破薛举战地】	李世民	昔年怀壮气，提戈初仗节。心随朗日高，志与秋霜洁。移	
8	卷1_8	【过旧宅二首】	李世民	新丰停翠辇，谯邑驻鸣笳。园荒一径断，苔古半阶斜。前	
9	卷1_9	【还陕述怀】	李世民	慨然抚长剑，济世岂邀名。星旌纷电举，日羽肃天行。遍	
10	卷1_10	【入潼关】	李世民	崤函称地险，襟带壮两京。霜峰直临道，冰河曲绕城。古	
11	卷1_11	【于北平作】	李世民	翠野驻戎轩，卢龙转征旆。遥山丽如绮，长流萦似带。海	
12	卷1_12	【辽城望月】	李世民	玄兔月初明，澄辉照辽碣。映云光暂隐，隔树花如缀。魄	
13	卷1_13	【春日登陕州城楼，俯眺厚野】	李世民	碧原开雾隰，绮岭峻霞城。烟峰高下翠，日浪浅深明。斑	
14	卷1_14	【春日玄武门宴群臣】	李世民	韶光开令序，淑气动芳年。驻辇华林侧，高宴柏梁前。紫	
15	卷1_15	【登三台言志】	李世民	未央初壮汉，阿房昔侈秦。在危犹骋丽，居奢遂逞人。岂	
16	卷1_16	【出猎】	李世民	楚王云梦泽，汉帝长杨宫。岂若因农暇，阅武出轘嵩。三	
17	卷1_17	【冬狩】	李世民	烈烈寒风起，惨惨飞云浮。霜浓凝广隰，冰厚结清流。金	
18	卷1_18	【春日望海】	李世民	披襟眺沧海，凭轼玩春芳。积流横地纪，疏派引天潢。仙	
19	卷1_19	【临洛水】	李世民	春蒐驰骏骨，总辔俯长河。霞处流萦锦，风前漾卷罗。薄	
20	卷1_20	【望终南山】	李世民	重峦俯渭水，碧嶂插遥天。出红扶岭日，入翠贮岩烟。叠	
21	卷1_21	【元日】	李世民	高轩暧春色，邃阁媚朝光。彤庭飞彩斾，翠幌曜明珰。恭	

图 2-30　数据表视图检验新字段

创建一个新的查询设计,在其中显示表"全唐诗",并将"诗名""作者""正文"
"length"四个字段添加入查询设计中,如图 2 - 31 所示。

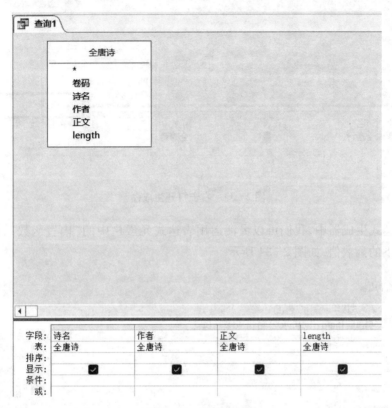

图 2 - 31　查询设计

点击菜单栏中的更新,我们可以看到查询菜单栏多出了一行"更新到:",如图
2 - 32 所示。更新查询可以用来修改表中的数据,帮助用户快速、方便地更新表中的记
录,使其与最新的信息保持一致。更新操作在批量更新的操作中更是大放异彩。

字段:	诗名	作者	正文	length
表:	全唐诗	全唐诗	全唐诗	全唐诗
更新到:				
条件:				
或:				

图 2 - 32　"更新到:"栏

在 length 字段的"更新到:"格中,右击菜单中的"生成器",打开表达式生成器,
如图 2 - 33 所示。表达式生成器是一个内置的工具,用于帮助用户创建和编辑复杂
的表达式。它提供了一个可视化的界面,使用户能够轻松地构建表达式,而无须记
忆诸多函数与之对应的功能,替代了"纯手动"编写代码,帮助用户更高效地处理数
据和计算。

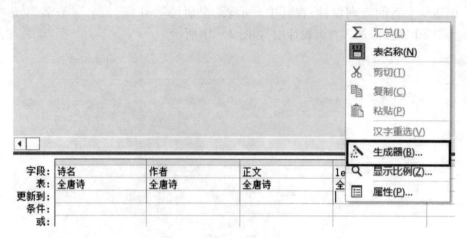

图 2-33　右击打开生成器

　　在表达式生成器中，我们可以灵活运用表达式元素栏中的"内置函数"，插入相应函数类别下的函数值，如图 2-34 所示。

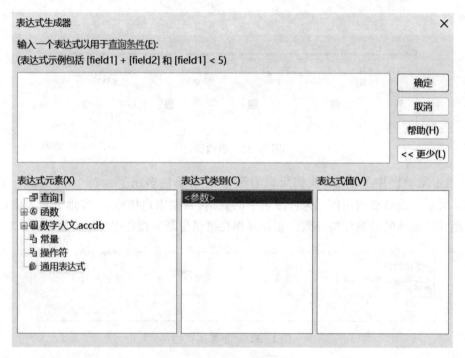

图 2-34　表达式生成器

　　表达式生成器的各个功能展示如下。

　　表达式预览：表达式生成器提供了一个预览窗口，用户可以通过拖放字段、函数和运算符来构建表达式，然后使用运算符和函数对它们进行操作。在预览窗口中，用户可以实时查看和验证构建的表达式。在构建表达式时，用户可以随时查看表达式的结果，并确保其符合预期。

表达式元素(X):是构成表达式的基本组成部分。这些元素可以是字段、常量、操作符、函数等,其中包括了数学函数(如 SUM、AVG、MAX、MIN 等)、字符串函数(如 LEFT、RIGHT、LEN 等)、逻辑函数(如 IF、AND、OR 等)以及日期和时间函数(如 DATE、NOW、YEAR 等)。用户可以从函数列表中选择所需的函数,并在表达式中使用。

表达式类别(C):指表达式的类型或功能。它可以用于指定表达式的目的或用途,常见的表达式类别包括数学表达式、逻辑表达式、字符串表达式等。

表达式值(V):指表达式在特定条件下计算得到的结果,也可以是具体函数,无论是内置函数还是自定义函数。

有些同学可能会担心自己并不熟悉每一个函数值的用途,不知道该插入何种函数值辅助计算。不用担心,单击函数值,即可在菜单栏的底部显示该函数的说明;双击函数值,即可将相应函数输入表达式栏中,如图 2-35 所示,这就大大方便了我们的运用。

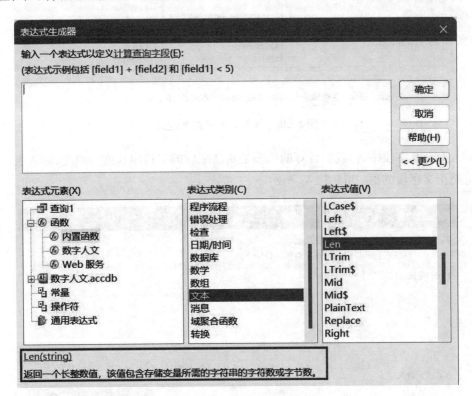

图 2-35　寻找 Len 函数

当前我们需要计算"正文"这一长文本字符串的长度,因而需要在文本表达式类别下的函数中进行筛选。而后,我们可以发现 Len 函数符合我们的需求。因此,双击 Len 函数,将其输入表达式之中,如图 2-36 所示。

可以发现,输入函数后,上方的输入框有一行标蓝的 string,是在提示我们可以将目标字符串(也就是需要计算长度的字符串)输入其中。注意!此时虽然是将字符串长

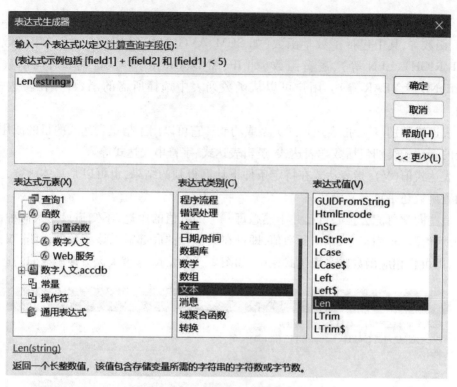

图2-36 输入 Len 函数表达式

度输入 length 字段中,但我们计算的依旧是正文字段的字符串长度。因此,输入表达式的应是正文字段的值,如图2-37 所示。

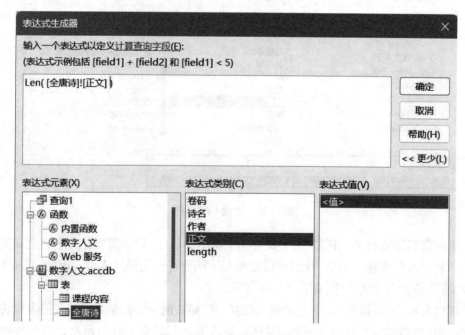

图2-37 确定输入函数的值

点击"确定"后,点击查询设计中的运行,将该查询保存。再次打开原始全唐诗表,即可发现每首诗正文的字符量已显示在 length 字段之中,如图 2-38 所示。

卷码	诗名	作者	正文	length	单击以添加
卷1_1	【帝京篇十首】	李世民	秦川雄帝宅,函谷壮皇居。	528	
卷1_2	【饮马长城窟行】	李世民	塞外悲风切,交河冰已结。	120	
卷1_3	【执契静三边】	李世民	执契静三边,持衡临万姓。	240	
卷1_4	【正日临朝】	李世民	条风开献节,灰律动初阳。	96	
卷1_5	【幸武功庆善宫】	李世民	寿丘惟旧迹,鄜邑乃前基。	120	
卷1_6	【重幸武功】	李世民	代马依朔吹,惊禽愁昔丛。	120	
卷1_7	【经破薛举战地】	李世民	昔年怀壮气,提戈初仗节。	120	
卷1_8	【过旧宅二首】	李世民	新丰停翠辇,谯邑驻鸣笳。	132	
卷1_9	【还陕述怀】	李世民	慨然抚长剑,济世岂邀名。	60	
卷1_10	【入潼关】	李世民	崤函称地险,襟带壮两京。	84	
卷1_11	【于北平作】	李世民	翠野驻戎轩,卢龙转征旆。	48	
卷1_12	【辽城望月】	李世民	玄兔月初明,澄辉照辽碣。	60	
卷1_13	【春日登陕州城楼	李世民	碧原开雾隰,绮岭峻霞城。	60	
卷1_14	【春日玄武门宴群	李世民	韶光开令序,淑气动芳年。	96	
卷1_15	【登三台言志】	李世民	未央初壮汉,阿房昔侈秦。	132	
卷1_16	【出猎】	李世民	楚王云梦泽,汉帝长杨台。	96	
卷1_17	【冬狩】	李世民	烈烈寒风起,惨惨飞云浮。	108	
卷1_18	【春日望海】	李世民	披襟眺沧海,凭轼玩春芳。	120	
卷1_19	【临洛水】	李世民	春蒐驰骏骨,总辔俯长河。	48	
卷1_20	【望终南山】	李世民	重峦俯渭水,碧嶂插遥天。	48	
卷1_21	【元日】	李世民	高轩暖春色,邃阁媚朝光。	96	
卷1_22	【初春登楼即目观	李世民	凭轩俯兰阁,眺瞩散灵襟。	96	
卷1_23	【首春】	李世民	寒随穷律变,春逐鸟声开。	48	
卷1_24	【初晴落景】	李世民	晚霞聊自怡,初晴弥可喜。	48	
卷1_25	【初夏】	李世民	一朝春夏改,隔夜鸟花迁。	72	
卷1_26	【度秋】	李世民	夏律昨留灰,秋箭今移晷	48	

记录: ◄ 第 1 项(共 4265 ► ►| ►* 无筛选器　搜索

图 2-38　数据表视图检验长度

2.8　诗体的判断

全唐诗中多以五言、七言为主,五言诗、七言诗又可分为绝句、律诗等,那么,如何判断每首诗的诗体呢? 我们可以通过 Access 中的内置函数完成这个操作。不难发现,区分五言诗和七言诗,最重要的是字符是五个成一组还是七个成一组。千万别忽略标点符号,在字符串中,标点符号也是占一个字符位的。几乎所有的诗句都是对偶句,也就是说,第一次出现在诗句中的标点符号都是逗号。因而,我们可以通过第一个逗号出现的位置判断这首诗是五言诗还是七言诗。

新建一个字段,命名为"五言诗/七言诗",设置数据类型为数字。创建一个新的查询设计,打开内置函数库,在文本函数中找到符合我们需求的函数值:InStr,如图 2-39所示。我们可以借助该函数指定","在正文中首次出现的位置,从而判断某首唐诗是五言诗还是七言诗。

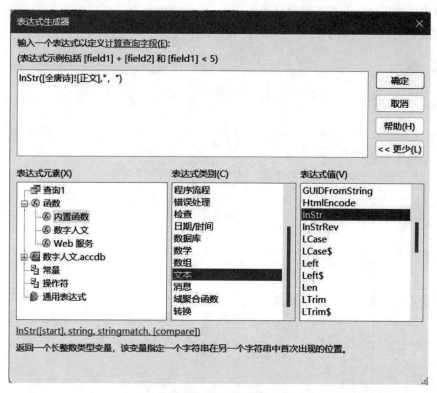

图 2-39 插入 InStr 函数

卷码	诗名	作者	正文	length	五言/七言
卷1_1	【帝京篇十首】	李世民	秦川雄帝宅，函谷壮皇居。	528	5
卷1_2	【饮马长城窟行】	李世民	塞外悲风切，交河冰已结。	120	5
卷1_3	【执契静三边】	李世民	执契静三边，持衡临万姓。	240	5
卷1_4	【正日临朝】	李世民	条风开献节，灰律动初阳。	96	5
卷1_5	【幸武功庆善宫】	李世民	寿丘惟旧迹，鄠邑乃前基。	120	5
卷1_6	【重幸武功】	李世民	代马依朔吹，惊禽愁昔丛。	120	5
卷1_7	【经破薛举战地】	李世民	昔年怀壮气，提戈初仗节。	120	5
卷1_8	【过旧宅二首】	李世民	新丰停翠辇，谯邑驻鸣笳。	132	5
卷1_9	【还陕述怀】	李世民	慨然抚长剑，济世岂邀名。	60	5
卷1_10	【入潼关】	李世民	崤函称地险，襟带壮两京。	84	5
卷1_11	【于北平作】	李世民	翠野驻戎轩，卢龙转征旆。	48	5
卷1_12	【辽城望月】	李世民	玄兔月初明，澄辉照辽碣。	60	5
卷1_13	【春日登陕州城楼	李世民	碧原开雾隰，绮岭峻霞城。	60	5
卷1_14	【春日玄武门宴群	李世民	韶光开令序，淑气动芳年。	96	5
卷1_15	【登三台言志】	李世民	未央初壮汉，阿房昔侈秦。	132	5
卷1_16	【出猎】	李世民	楚王云梦泽，汉帝长杨宫。	96	5
卷1_17	【冬狩】	李世民	烈烈寒风起，惨惨飞云浮。	108	5
卷1_18	【春日望海】	李世民	披襟眺沧海，凭轼玩春芳。	120	5
卷1_19	【临洛水】	李世民	春蒐驰骏骨，总辔俯长河。	48	5
卷1_20	【望终南山】	李世民	重峦俯渭水，碧嶂插遥天。	48	5
卷1_21	【元日】	李世民	高轩暧春色，邃阁媚朝光。	96	5
卷1_22	【初春登楼即目观	李世民	凭轩俯兰阁，眺瞩散灵襟。	96	5
卷1_23	【首春】	李世民	寒随穷律变，春逐鸟声开。	48	5
卷1_24	【初晴落景】	李世民	晚霞聊自怡，初晴弥可喜。	48	5
卷1_25	【初夏】	李世民	一朝春夏改，隔夜鸟花迁。	72	5

图 2-40 数据表视图检验诗体

　　需要注意的是,函数在计算时也计入了",",的长度,因而,五言诗的结果是 6,而七言诗的结果是 8。解决这个问题仅需一步,即在整个公式的最后加上 −1,我们便会得到每一句的字符数,对应出该首诗是几言诗。所得结果如图 2−40 所示。

本章作业

1. 完成本章的教学内容,实现本章针对《全唐诗》的统计,例如诗人作品数量、诗句字数等。
2. 结合自己的兴趣,基于《诗经》《楚辞》等书,参照本章教学内容,设计一个数据库,并实现作业 1 的统计。

第 3 章 基于 Access 数据库的语料检索

3.1 数据库的设计创建

3.1.1 引言

在学习与科研中,我们可能会通过语料库来检索我们想获得的语料。如在著名的 BCC 语料库在线检索网站(https://bcc.blcu.edu.cn/)上,输入关键词"梅花",我们可以得到关键词在上下文中居中显示的检索结果,如图 3-1 所示。

图 3-1 BCC 语料库检索"梅花"

在数据库中检索关键词非常方便并且结果一目了然。那么,BCC 运用了何种技术,才能如此精准地筛选出相关语料呢?

在 BCC 中文语料库中,可以将所收录的语料文本分割为块,并对每个块进行 KWIC(Key Word In Context)①处理,将关键词与其上下文一起展示。这样可以方便用户快速查找特定关键词在文本中的出现位置和上下文信息,帮助用户更有效地浏览和

———————————

① KWIC 是一种文本分析技术,用于在一篇文章或文本集合中标记和索引关键词,并将这些关键词与其上下文相关的内容一起展示。KWIC 的目的是方便用户快速查找特定关键词在文本中的出现位置,同时获悉该关键词所在文本的上下文信息。

分析大量的中文文本数据。

这种查询功能,可以在 Access 里实现吗? 大体是可以的。而且 Access 不仅可以实现居中显示的效果,呈现含有"梅花"这个意象的诗句,还可以检索出只是姓"李"的诗人所写的诗句,甚至获得"人"和"花"两个意象共现的诗歌内容。

接下来,仍以《全唐诗》简体版为例,利用 Access 完成这些看似很难完成的任务。

3.1.2　模糊查询

如果要检索所有"李"姓的诗人,我们将无法使用精确查询达到目的,因为全唐诗中姓李的诗人太多了,不能通过准确一一列举李氏大族得到,所以,我们只能用模糊查询。那么,我们要如何使用 Access 进行模糊查询,换言之,Access 是否可以实现"近似"模糊查询的功能呢?

在检索前,我们首先要知道"字符"的概念。这里的"字符"和汉语中的"字"是两个概念。在信息科学的范畴里,在文本中出现的,不仅仅是汉字被称为字符,标点、数字、西文字符以及其他特殊符号都叫作字符。

对应地,除了上述"平平无奇"的字符,Access 中也有一类特殊的字符,它们就是"通配符"。通配符是一种特殊语句,常见的有星号(*)和问号(?),可以用来模糊搜索。当不知道真正字符或者懒得输入完整名字时,我们在检索过程中可以使用通配符代替一个或多个真正的字符。换言之,当运行查询时,我们可以使用 Like 通配符来替换任意数量的未知字符。Access 常用的通配符如表 3-1 所示。

表 3-1　Access 常用通配符

*	与任意个数的任意字符匹配
?	与单个字符匹配
#	与任意数字匹配

现在,我们打开查询设计来演示如何使用 Like 通配符查询所有"李"姓诗人。添加要查询的"全唐诗"表,并关闭"显示表格"对话框,将想要查看的字段添加为查询结果。

有了上面的知识作为铺垫,我们很容易就能知道,如果要查询"李"姓的诗人,姓名搜索条件应该是"李"字的后面加上任意长度字符的文本;如果要查询含有"花"字的诗句,检索条件应该是"花"字的前后都加上任意长度字符的文本。

请注意,如果搜索条件只是关键字,比如"花",我们使用的将会是精确查询,进行的是完全匹配。这也就意味着,只有"花"这一个单字作为诗歌正文的记录才会被检索到。如果在查询姓名的时候,仅仅输入"李?"或者"李??",我们就将只能检索到姓李的单字名诗人或双字名诗人,而这些情况与我们检索所有的"李"姓诗人的目标并不吻合。

与此同时,仅仅认识通配符是无法对其运用自如的,在搜索子句中使用通配符,必须与 Like 操作符一起使用。Like 操作符可用于在文本搜索中匹配指定的模式,它与通配符一起使用,能够灵活匹配诸如以特定字符或字符串开头、结尾或包含某些字符的字符串,大大方便了我们的调用研究。因此,我们需要在条件栏中输入子句:Like"李 * "和 Like" * 花 * ",如图 3-2 所示。

注意:条件子句中命令和标点符号都必须使用英文格式,否则会报错。

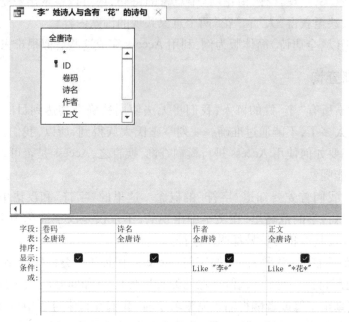

图3-2 "李"姓诗人含"花"诗句

运行并生成查询,我们可以得到如图3-3所示的查询结果。

卷码	诗名	作者	正文
卷1_1	【帝京篇十首】	李世民	秦川雄帝宅,函谷壮皇居。
卷1_3	【执契静三边】	李世民	执契静三边,持衡临万姓。
卷1_8	【过旧宅二首】	李世民	新丰停翠辇,谯邑驻鸣笳。
卷1_12	【辽城望月】	李世民	玄兔月初明,澄辉照辽碣。
卷1_15	【登三台言志】	李世民	未央初壮汉,阿房昔侈秦。
卷1_18	【春日望海】	李世民	披襟眺沧海,凭轼玩春芳。
卷1_19	【临洛水】	李世民	春蒐驰骏骨,总辔俯长河。
卷1_22	【初春登楼即目观】	李世民	凭轩俯兰阁,眺瞩散灵襟。
卷1_23	【首春】	李世民	寒随穷律变,春逐鸟声开。
卷1_24	【初晴落景】	李世民	晚霞聊自怡,初晴弥可喜。
卷1_25	【初夏】	李世民	一朝春夏改,隔夜鸟花迁。
卷1_27	【仪鸾殿早秋】	李世民	寒惊蓟门叶,秋发小山枝。
卷1_28	【秋日即目】	李世民	爽气浮丹阙,秋光澹紫宫。
卷1_31	【喜雪】	李世民	碧昏朝合雾,丹卷暝韬霞。
卷1_32	【秋日敩庾信体】	李世民	岭衔宵月桂,珠穿晓露丛。
卷1_35	【咏风】	李世民	萧条起关塞,摇飏下蓬瀛。
卷1_37	【咏雪】	李世民	洁野凝晨曜,装墀带夕晖。
卷1_38	【赋得夏首启节】	李世民	北阙三春晚,南荣九夏初。
卷1_40	【置酒坐飞阁】	李世民	高轩临碧渚,飞檐迥架空。
卷1_43	【赋得李】	李世民	玉衡流桂圃,成蹊正可寻。
卷1_44	【赋得浮桥】	李世民	岸曲非千里,桥斜异七星。
卷1_45	【谒并州大兴国寺】	李世民	回銮游福地,极目玩芳晨。
卷1_49	【月晦】	李世民	晦魄移中律,凝暄起丽城。
卷1_50	【秋日翠微宫】	李世民	秋日凝翠岭,凉吹肃离宫。
卷1_54	【冬日临昆明池】	李世民	石鲸分玉溜,劫烬隐平沙。
卷1_55	【望雪】	李世民	冻云宵遍岭,素雪晓凝华。

记录: ◄ ◄ 第46项(共133 ► ►► ► 无筛选器 搜索

图3-3 数据表视图检验查询结果

现在我们找到了正文中含有"花"的诗歌,但我们并不知道"花"字在哪里,如果要手动找,非常困难。那么,如何让我们想要查询的关键词出现在显要的位置呢? 这时候可以考虑使用函数表达式与生成器。

3.1.3　字符串内容的截取

我们可以使用生成器生成我们想要的表达式,来实现在正文最左或最右端截取规定长度的字符串的功能。

现在,我们打开查询设计来演示如何分别使用 Left 和 Right 函数从左/右截取规定长度的字符串。添加要查询的"全唐诗"表,将想要查看的字段添加为查询结果,如图 3-4 所示。

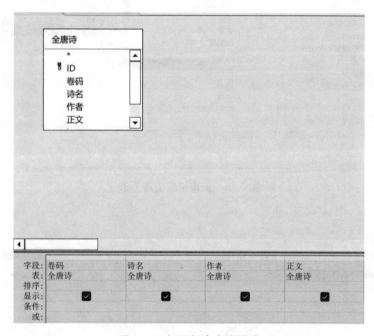

图 3-4　打开相应查询设计

在图 3-5 所示的表格中,我们单击右键,在弹出的菜单中选择生成器。然后在弹出的窗口中,在"表达式元素"一栏选择"函数→内置函数","表达式类别"一栏选择"文本","表达式值"一栏选择"Left",如图 3-6 所示。

Left 函数有以下两个参数: ＜string＞,即要截取的字段; ＜length＞,即取几个字符。

在找到函数之后,上方输入栏中标蓝的 ＜string＞ 是在提示我们可以将目标字符串(也就是需要向左截取的字符串)输入其中。我们同样可以在表达式元素中选择相应的文件中对应的字段替换,而不用手动输入。

图 3-5　打开生成器

<length> 可以用我们想截取的字符串长度的数值替换，如图3-6、3-7所示。

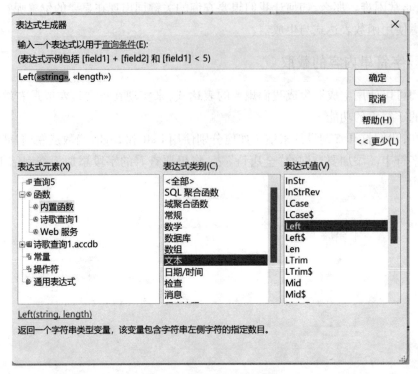

图3-6　查询相应函数 Left

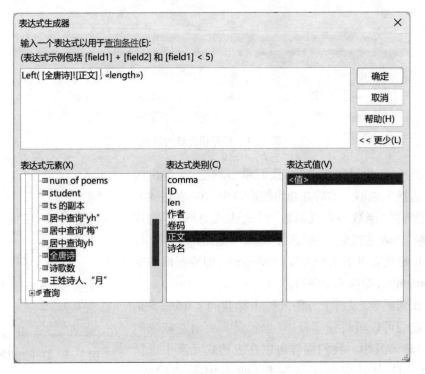

图3-7　输入 Left 函数值

为了显示截取到的字符,我们需要新建一个字段。如果此时直接将生成的表达式粘贴到"字段"栏中,将会自动将字段命名为"表达式 1",如图 3-8 所示。

图 3-8　自动命名字段为"表达式 1"

为了使字段名称的含义更加清晰,我们将":"前的字段名称更改为"左 5 字符",如图 3-9 所示。

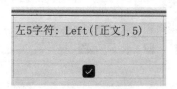

图 3-9　修改字段名称

同理,在生成器中将选择 Left 函数换成选择 Right 函数,我们就可以从正文最右端向左截取字符,如图 3-10 所示。

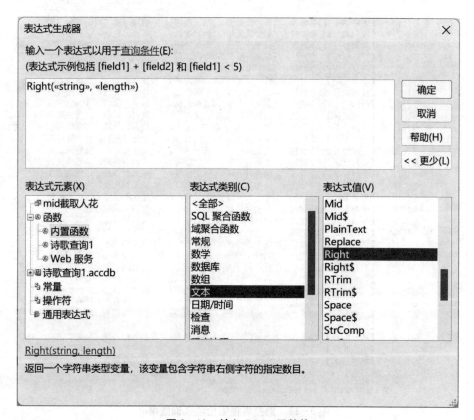

图 3-10　输入 Right 函数值

完整的设计视图如图 3-11 所示。

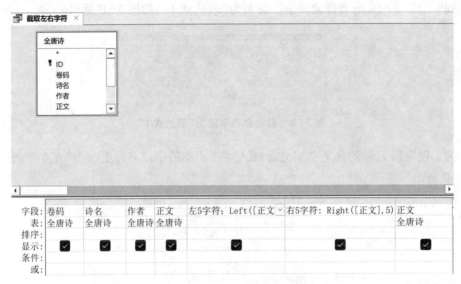

图 3-11　完整设计视图

运行并保存,在数据表视图中可以看到查询结果,如图 3-12 所示。

卷码 ▾	诗名 ▾	作者 ▾	左5字符 ▾	右5字符 ▾	正文
卷1_1	【帝京篇十首】	李世民	秦川雄帝宅	渚。萍间日	秦川雄帝宅, 函谷壮皇居
卷1_2	【饮马长城窟行】	李世民	寒外悲风切	台凯歌入	寒外悲风切, 交河冰已结
卷1_3	【执契静三边】	李世民	执契静三边	欢区宇一。	执契静三边, 持衡临万姓
卷1_4	【正日临朝】	李世民	条风开献节	愧抚遐荒。	条风开献节, 灰律动初阳
卷1_5	【幸武功庆善宫】	李世民	寿丘惟旧迹	比大风诗。	寿丘惟旧迹, 酆邑乃前基
卷1_6	【重幸武功】	李世民	代马依朔吹	以咏南风。	代马依朔吹, 惊禽愁昔丛
卷1_7	【经破薛举战地】	李世民	昔年怀壮气	躬聊自适。	昔年怀壮气, 提戈初仗节
卷1_8	【过旧宅二首】	李世民	新丰停翠辇	劳歌大风。	新丰停翠辇, 谯邑驻鸣笳
卷1_9	【还陕述怀】	李世民	慨然抚长剑	来字宙平。	慨然抚长剑, 济世岂邀名
卷1_10	【入潼关】	李世民	崤函称地险	知名不名。	崤函称地险, 襟带壮两京
卷1_11	【于北平作】	李世民	翠野驻戎轩	必裹城外。	翠野驻戎轩, 卢龙转征旆
卷1_12	【辽城望月】	李世民	玄兔月初明	观妖氛灭。	玄兔月初明, 澄辉照辽碣
卷1_13	【春日登陕州城】	李世民	碧原开雾隰	楫伫时英。	碧原开雾隰, 绮岭峻霞城
卷1_14	【春日玄武门】	李世民	韶光开令序	己历求贤。	韶光开令序, 淑气动芳年
卷1_15	【登三台言志】	李世民	未央初壮汉	材伫渭滨。	未央初壮汉, 阿房昔侈秦
卷1_16	【出猎】	李世民	楚王云梦泽	是悦林丛。	楚王云梦泽, 汉帝长杨宫
卷1_17	【冬狩】	李世民	烈烈寒风起	售更招忧。	烈烈寒风起, 惨惨飞云浮
卷1_18	【春日望海】	李世民	披襟眺沧海	拱且图王。	披襟眺沧海, 凭轼玩春芳
卷1_19	【临洛水】	李世民	春蒐驰骏骨	云发棹歌。	春蒐驰骏骨, 总辔俯长河
卷1_20	【望终南山】	李世民	重峦俯渭水	劳访九仙。	重峦俯渭水, 碧嶂插遥天
卷1_21	【元日】	李世民	高轩暖春色	以寄舟航。	高轩暖春色, 邃阁媚朝光
卷1_22	【初春登楼即目】	李世民	凭轩俯兰阁	规十产金。	凭轩俯兰阁, 眺瞩散灵襟
卷1_23	【首春】	李世民	寒随穷律变	树巧莺来。	寒随穷律变, 春逐鸟声开
卷1_24	【初晴落景】	李世民	晚霞聊自怡	予物外志。	晚霞聊自怡, 初晴弥可喜
卷1_25	【初夏】	李世民	一朝春夏改	复有山泉。	一朝春夏改, 隔夜鸟花迁
卷1_26	【度秋】	李世民	夏律昨când早	毫属微理。	夏律昨宵变, 秋箭今移晷
卷1_27	【仪鸾殿早秋】	李世民	寒惊蓟门叶	空燕不窥。	寒惊蓟门叶, 秋发小山枝
卷1_28	【秋日即目】	李世民	爽气浮丹阙	色满房栊。	爽气浮丹阙, 秋光澹紫宫
卷1_29	【山阁晚秋】	李世民	山亭秋色满	尺轮光暮。	山亭秋色满, 岩牖凉风度
卷1_30	【秋暮言志】	李世民	朝光浮烧野	以继熏风。	朝光浮烧野, 霜华净碧空
卷1_31	【喜雪】	李世民	碧昏朝合雾	欢黄竹篇。	碧昏朝合雾, 丹卷暝韬霞

记录: ◄ ◀ 第 1 项(共 4265 ▶ ▶◀ ▽ 无筛选器 | 搜索

图 3-12　数据表视图检验查询结果

3.2　数据库的查询

3.2.1　关键词查询结果显示

通过以上的学习,我们已经能大致掌握使用表达式生成器来生成我们需要的函数表达式。那么如何从"某一方向截取特定数目的字符"这一步,跨越到"关键词居中显示查询结果"呢? 这其实并不难。我们可以使用两个字段分别显示关键词的上下文,再把代表关键词的字段放在上下文的字段中间,这样就可以使它们都分别单独显示了。

我们可以通过什么方式分别获取"梅"字的上下文呢? 这里可以使用生成器生成我们想要的表达式,来实现定位并且截取上下文的目的。

添加要查询的"全唐诗"表,将想要查看的字段添加为查询结果,我们可以使用 Like 表达式配合通配符先初步筛选出含有"梅"字的诗句,如图 3-13 所示。

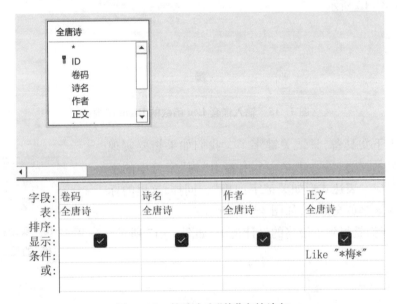

图 3-13　筛选含有"梅"字的诗句

如果要获取上文,我们需要从全文中截取"梅"字出现之前的字符串,而代表上文的字符串长度就是"梅"字出现前一个位置所代表数值的长度,写成函数表达式的形式就是:

```
上文:Left([正文],InStr(1,[正文],"梅")-1)
```

在这里,我们将表达式的名称命名为我们想要的字段名称"上文",并在 Left 函数中嵌套了 InStr 函数(它可以求出特定字符在字符串中出现的位置),来表达"梅"字出现前一个位置所代表的数值,如图 3-14 所示。注意:因为上文并不包含"梅"字,所以必须将 InStr 得出的值减去 1。

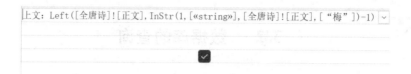

图 3-14　输入 Left 表达式

在生成器中实现函数嵌套的效果也非常容易。在已有函数表达式中选择需要替换的项目的位置，并且双击另一个函数，继续生成表达式即可。

同样地，如果要获取下文，我们需要从正文的右边截取到出现"梅"字位置的字符串。正文全文的长度减去"梅"出现位置时字符串的长度，就得到我们想要截取的下文的长度，写成函数表达式的形式就是：

下文:Right([正文],Len([正文]) - InStr([正文],"梅"))

这里我们在 Right 函数中嵌套了 Len 函数（它可以求出字符串整体的长度）和 InStr 函数，如图 3-15 所示。

图 3-15　输入嵌套 Len 函数的 Right 函数

现在上下文具备，只缺关键字了。我们如果想要实现关键字的显示，就只需要建立一个内容为"梅"字符串的字段即可。对应的表达式形如关键字："梅"。同样，这里的标点符号都应该是英文标点，如图 3-16 所示。

图 3-16　实现关键字
"梅"的显示

这样，我们就得到了最终的设计视图，如图 3-17 所示。

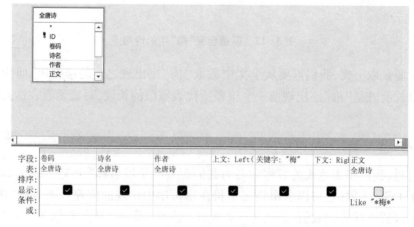

图 3-17　最终设计视图

点击"运行",就可以看到最终的查询结果,如图 3-18 所示。

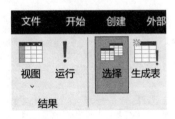

卷码	诗名	作者	正文	上文	关键字	下文
卷1_3	【执契静三边】	李世民	执契静三边,持衡临万姓	执契静三边,持衡临	梅	,股肱惟辅弼,
卷1_21	【元日】	李世民	高轩暖春色,邃阁媚朝光	高轩暖春色,邃阁	梅	艳昔年妆。巨川
卷1_23	【首春】	李世民	寒随穷律变,春逐鸟声开	寒随穷律变,春逐	梅	。碧林青旧竹,
卷1_31	【喜雪】	李世民	碧昏朝合雾,丹卷暝韬霞	碧昏朝合雾,丹卷暝	梅	片片花。照璧
卷1_34	【咏司马彪续汉】	李世民	二仪初创象,三才乃分位	二仪初创象,三才乃	梅	山未觉杭,谷
卷1_54	【冬日临昆明】	李世民	石鲸分玉溜,劫烬隐平沙	石鲸分玉溜,劫烬	梅	心冻有花。寒驷
卷1_56	【守岁】	李世民	暮景斜芳殿,年华丽绮宫	暮景斜芳殿,年华	梅	素,盘花卷烛
卷1_57	【除夜】	李世民	岁阴穷暮纪,献节启新芳	岁阴穷暮纪,献节	梅	散入风香。对
卷1_58	【咏雨】	李世民	和气吹绿野,梅雨洒芳田	和气吹绿野	梅	雨洒芳田。新
卷1_63	【春池柳】	李世民	年柳变池台,隋堤曲直回	年柳变池台,隋堤	梅	
卷1_74	【天太原召侍臣】	李世民	四时运灰琯,一夕变冬春	四时运灰琯,一夕	梅	新。
卷2_7	【守岁】	李治	今宵冬律尽,来朝丽景新	今宵冬律尽,来朝	梅	色冷,浅绿柳
卷2_12	【立春日游苑】	李显	神皋福地三秦景,玉台金	神皋福地三秦景,玉台金	梅	香柳色已秒今
卷2_13	【十月诞辰内】	李显	润色鸿业寄贤才,--李显	润色鸿业寄贤才,--	梅	。--李峤运筹
卷3_33	【春日出苑游】	李隆基	三阳丽景早芳辰,四序佳	三阳丽景早芳辰,四	梅	花百树障去路,
卷3_46	【端午】	李隆基	端午临中夏,时清日复长	端午临中夏,时清	梅	已佐酌,曲糵
卷3_54	【饯王晙巡边】	李隆基	振武威荒服,扬文肃远墟	振武威荒服,扬文	梅	望匪疏。不应
卷4_10	【中和节赐群】	李适	东风变梅柳,万汇生春光	东风变	梅	柳,万汇生春
卷5_59	【游长宁公主】	上官昭容	逐仙赏,展幽情,逾昆阆	逐仙赏,展幽情,逾昆阆	梅	先吐,惊风飘
卷8_3	【保大五年元】	李璟	珠帘高卷莫轻遮,往往相	珠帘高卷莫轻遮,往往相	梅	花。素姿好把
卷12_80	【郊庙歌辞·】	蔡孚	帝宅王家大道均,神马龙	帝宅王家大道均,神马龙帝宅王家大道均,	梅	洲胜往年。莫
卷17_34	【乐府杂曲·】	卢仝	当时我醉美人家,美人颜	当时我醉美人家,美人颜	梅	花发,忽到窗
卷18_41	【横吹曲辞·】	欧阳瑾	垂柳拂妆台,藏藏叶半开	垂柳拂妆台,藏藏	梅	朝朝倦攀折,
卷18_75	【横吹曲辞·】	卢照邻	梅岭花初发,天山雪未开	梅	梅	岭花初发,天山
卷18_76	【横吹曲辞·】	沈佺期	铁骑几时回,金闺怨早梅铁骑几时回,金闺	铁骑几时回,金闺	梅	中花已落,
卷18_77	【横吹曲辞·】	刘方平	新岁芳梅树,繁苞四面同新岁芳	新岁芳	梅	树,繁苞四面
卷20_11	【相和歌辞·】	李白	朝骑五花马,谒帝出银台	朝骑五花马,谒帝	梅	花不堪折。李
卷21_64	【相和歌辞·】	温庭筠	团圆莫作波中月,洁白莫	团圆莫作波中月,洁白莫	梅	花,不堪折。李
卷23_58	【琴曲歌辞·】	阎朝隐	梅花雪白柳叶黄,云雾四	梅	梅	花雪白柳叶黄,
卷26_21	【杂曲歌辞·】	白居易	食檗不易食梅难,檗能苦	食檗不易食	梅	难,檗能苦分今
卷26_39	【杂曲歌辞·】	李白	妾发初覆额,折花门前剧妾发初覆额,折花	妾发初覆额,折花	梅	同居长干里,

记录: ◀ 第 1 项(共 910 项 ▶ ▶▶ ▽ 无筛选器 ◯ 搜索

图 3-18　数据表视图检验最终查询结果

如果我们想把查询的结果下载下来进一步研究,这时就可以用生成表查询。

切换到设计视图,依次点击"选择""生成表""运行",进行命名后点击"确定",并在接下来的两个窗口中点击"是",就可以得到生成的新表,如图 3-19 至 3-23 所示。

图 3-19　单击选择栏

图 3-20　进入生成表窗口

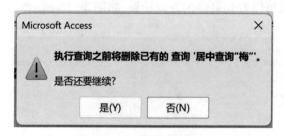

图 3-21　继续执行操作

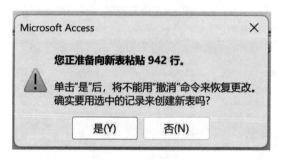

图 3-22　确定执行操作

卷码	诗名	作者	上文	关键字	下文
卷1_3	【执契静三边】	李世民	执契静三边，』梅	，股肱惟辅弼。
卷1_21	【元日】	李世民	高轩暖春色，』梅	艳昔年妆。巨』
卷1_23	【首春】	李世民	寒随穷律变，』梅	。碧林青旧竹，
卷1_31	【喜雪】	李世民	碧昏朝景雾，』梅	片片花。照璧
卷1_34	【咏司马彪续汉志】	李世民	二仪初创象，』梅	山未觉朽，谷〆
卷1_54	【冬日临昆明池】	李世民	石鲸分玉溜，』梅	心冻有花。寒⼁
卷1_56	【守岁】	李世民	暮景斜芳殿，』梅	素，盘花卷烛红
卷1_57	【除夜】	李世民	岁阴穷暮纪，』梅	散入风香。对』
卷1_58	【咏雨】	李世民	和气吹绿野，』梅	雨洒芳田。新〆
卷1_63	【春池柳】	李世民	年柳变池台，』梅	
卷1_74	【天太原召侍臣赐宴守岁】	李世民	四时运灰琯，』梅	新。
卷2_7	【守岁】	李治	今宵冬律尽，』梅	色冷，浅绿柳轩
卷2_12	【立春日游苑迎春】	李显	神皋福地三秦』梅	香柳色已矜夸。
卷2_13	【十月诞辰内殿宴群臣效柏梁体联】	李显	润色鸿业寄贤』梅	。一李峤运筹〆
卷3_33	【春日出苑游瞩（太子时作）】	李隆基	三阳丽景早芳』梅	花百树障去路，
卷3_46	【端午】	李隆基	端午临中夏，』梅	已佐鼎，曲糵〆
卷3_54	【饯王晙巡边】	李隆基	振武威荒服，』梅	望匪疏。不应〆
卷4_10	【中和节赐群臣宴赋七韵】	李适	东风变　梅	柳，万汇生春〆
卷5_59	【游长宁公主流杯池二十五首】	上官昭容	逐仙赏，展幽』梅	先吐，惊风柳⼁
卷8_3	【保大五年元日大雪，同太弟景遂李璟	珠帘高卷莫轻』梅	花。素姿好把〆
卷12_80	【郊庙歌辞·享龙池乐章·第二章蔡孚	帝宅王家大道』梅	洲胜往年。莫』
卷17_34	【乐府杂曲·鼓吹曲辞·有所思】	卢仝	当时我醉美人』梅	花发，忽到窗』
卷18_41	【横吹曲辞·折杨柳】	欧阳瑾	垂柳拂妆台，』梅	。朝朝倦攀折，
卷18_75	【横吹曲辞·梅花落】	卢照邻		梅	岭花初发，天⼁
卷18_76	【横吹曲辞·梅花落】	沈佺期	铁骑几时回，』梅	树，繁苞四面』
卷18_77	【横吹曲辞·梅花落】	刘方平	新岁芳　梅	树。繁苞四面』
卷20_11	【相和歌辞·相逢行二首】	李白	朝骑五花马，』梅	。邀入青绮门，
卷21_64	【相和歌辞·三洲歌】	温庭筠	团圆莫作波中』梅	花不堪折。李』
卷23_58	【琴曲歌辞·明月歌】	阎朝隐		梅	花雪白柳叶黄，
卷26_21	【杂曲歌辞·别离】	白居易	食檗不易食　梅	难，檗能苦兮〆
卷26_75	【杂曲歌辞·长干行二首】	李白	妾发初覆额，』梅	。同居长干里，

记录: ◄ 第 1 项(共 942 项 ► ►I ►* 无筛选器 搜索

图 3-23　数据表视图检验新表

　　值得注意的是,在表格的设计视图中,我们需要确认上下文的数据类型是"长文本",而不是"短文本"。图 3-24 为检验文本长度的设计视图。因为短文本的字段上限为 255 个字符,第 255 个字符后面的内容就不能保留,表格中的一些长诗的上下文就可能无法截取完整,造成数据丢失的情况。

字段名称	数据类型
卷码	短文本
诗名	短文本
作者	短文本
上文	长文本
下文	长文本
关键词	短文本

图 3-24　设计视图检验文本长度

3.2.2　字符串内部子串的截取

　　上文介绍的 Left 和 Right 函数只能从左边或者右边截取字符,但是我们还可能有查询字符串中间部分内容的需求,比如说我们需要诗歌中既有这个字,也有那个字,这要如何实现呢? 其实我们用筛选或者 Like 语句也可以实现,但是这样的话我们并不能锁定关键字的位置。如果我们想要查找像"人面桃花相映红"这样"人"和"花"前后共现的诗句,就可能要借助 Mid 函数了。

　　接下来,我们要介绍 Mid 函数如何从任意指定的位置截取指定长度的字符串。在这里,我们将使用 Like 表达式与通配符,以及 Mid 函数嵌套 InStr 函数,完成对于诗歌中间"人……花"型字符串截取的操作案例。

　　首先,添加要查询的"全唐诗"表,将想要查看的字段添加为查询结果。在"正文"字段中,我们可以使用 Like 语句来帮助我们初步筛选出"人"和"花"前后共现两个字的诗歌,如图 3-25 所示。

　　然后我们进入生成器,选择 Mid 函数。Mid 函数有这三个参数: < string >(即要截取的字段), < start >(即从哪里开始截取), < length >(即截取几个字符),如图 3-26 所示。

　　至于参数的设置,因为我们并不知道"人"或者"花"字出现的确切位置,所以要借助 InStr 函数,也就是在 Mid 函数中嵌套 InStr 函数,来实现起始位置与截取长度参数的设定。我们想要从"人"字出现的位置开始截取,截取的长度是"人"和"花"之间字符串的长度,写成函数表达式的形式就是:

```
Mid([正文],InStr([正文],"人"),InStr([正文],"花") - InStr([正文],"人"))
```

　　就这样,我们得到了最终的设计视图,如图 3-27 所示。

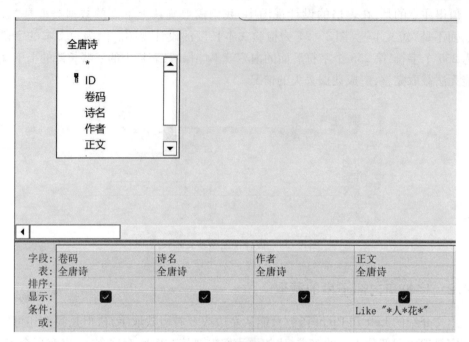

图 3 - 25　输入 Like 条件

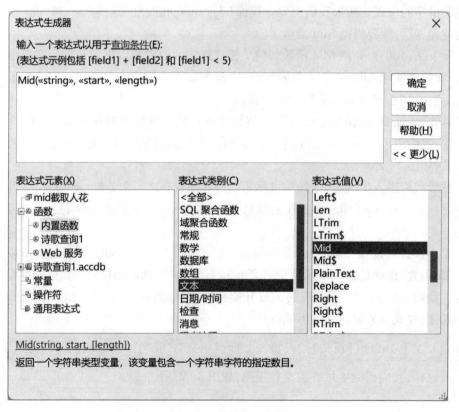

图 3 - 26　设定 Mid 函数

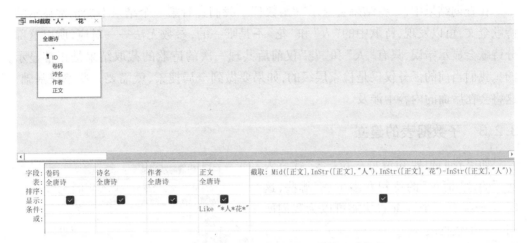

图 3-27　嵌套入 InStr 函数得到最终设计视图

点击"运行",可以看到查询结果,如图 3-28 所示。

卷码	诗名	作者	正文	截取
卷1_15	【登三台言志】	李世民	未央初壮汉,队。岂如家四海	
卷1_75	【咏烛二首】	李世民	焰听风来动,3,#函数!	
卷3_7	【端午三殿宴】	李隆基	五月符天数,3人。四时	
卷3_43	【南出雀鼠谷】	李隆基	雷出应乾象,人。川途犹在祖	
卷3_64	【句】	李隆基	昔见漳滨卧,人事违。今逢瘤	
卷4_4	【中和节赐百】	李适	至化恒在宥,人。推诚抚诸1	
卷4_11	【三日书怀因】	李适	佳节上元巳,3人。风轻水初纠	
卷5_59	【游长宁公主】	上官昭容	逐仙赏,展幽忄人将薛作衣。1	
卷7_7	【惜花吟】	鲍君徽	枝上花,花下《#函数!	
卷17_2	【乐府杂曲·5	李贺	锦襜褕,绣裆人织网如素空,	
卷17_21	【乐府杂曲·5	李白	君不见黄河之人生得意须对	
卷17_34	【乐府杂曲·5	卢仝	当时我醉美人纟家,美人颜的	
卷18_19	【横吹曲辞·扌	王昌龄	秦时明月汉时人未还。但使7	
卷18_38	【横吹曲辞·扌	刘宪	沙塞三河道,人。露叶怜啼朋	
卷18_46	【横吹曲辞·扌	孟郊	杨柳多短枝,人别促,不怨7	
卷18_48	【横吹曲辞·扌	翁绶	紫陌金堤映绮人处处动离歌。	
卷18_89	【横吹曲辞·目	李白	幽州胡马客,3人不可干。弯	
卷19_9	【相和歌辞·ソ	刘希夷	暮宿南洲草,3,#函数!	
卷19_29	【相和歌辞·ソ	李白	松子栖金华,人古之仙,羽们	
卷19_34	【相和歌辞·ソ	刘希夷	杨柳送行人,人,青青西入	
卷20_55	【相和歌辞·目	刘希夷	洛阳城东桃李《#函数!	
卷20_56	【相和歌辞·目	李白	锦水东北流,《#函数!	
卷20_57	【相和歌辞·目	张籍	请君膝上琴,习人心回互自无纟	
卷20_96	【相和歌辞·目	刘氏媛	雨滴梧桐秋夜1人道便承恩。纟	
卷20_100	【相和歌辞·目	王维	玉窗萤影度,3人声绝。秋夜帋	
卷20_121	【相和歌辞·✗	孟郊	夭桃花清晨,3,#函数!	
卷21_23	【相和歌辞·扌	张子容	林花发岸口,1,#函数!	
卷21_24	【相和歌辞·礻	张若虚	春江潮水连海《#函数!	
卷21_49	【相和歌辞·✗	李贺	草生陇坂下,5人此城里,城化	
卷21_59	【相和歌辞·✗	张柬之	南国多佳人,人,莫若大堤5	
卷21_62	【相和歌辞·✗	李贺	妾家住横塘,人。郎食鲤鱼质	

记录: I◀　第 1 项(共 2068 ▶ ▶I ▶※　🔽无筛选器　搜索

图 3-28　查询结果

在查询结果中，一些结果会显示"#函数!"。我们查看第一个结果不能正常显示的诗歌全文，可以发现，诗歌中的"人"和"花"不是唯一的，参数无法一一对应，所以这部分诗歌会显示错误，只有"人"和"花"仅前后共现一次的诗歌的截取结果是正常显示的。我们当前的任务仅仅是检索层级的，如果要做到全局搜索，就需要一些编程基础，这将会在后面的内容中涉及。

3.2.3 子数据表的建立

如果我们想要知道每一位"李"姓诗人所写的含"梅花"的诗句有多少、有哪些，这时 Access 有一个神奇的功能可以为我们所用——子数据表。

子数据表表示一个嵌套表的功能。不同于其他数据表，它给了我们一个快捷方式，能够将子数据表与主数据表链接建立嵌套关系。这样，我们在查看数据表的同时，也可以查看与其相关联的数据表的记录，且不用在多个表之间切换查询，能够帮助我们快速地观察各种数据分析的结果。

我们之前通过查询重复项的方式，查找了每个作者相应的诗歌数量，如图3-29所示。下面我们将用它作为主数据表，"全唐诗"作为子数据表，完成建立子数据表的操作。

在数据表视图里，让我们依次选择"开始—其他—子数据表—子数据表"，如图3-30所示，打开插入界面。

在插入子数据表的界面里，如图3-31所示，我们选择"全唐诗"作为要链接的子数据表，将"作者"作为链接的子字段；当前主数据表的主字段就是"author字段"，点击"确定"，链接入子数据表后的主数据表如图3-32所示。

author 字段 ▾	NumberOfDu ▾
白居易	2641
杜甫	1158
李白	890
齐己	772
刘禹锡	703
元稹	593
李商隐	554
韦应物	551
贯休	539
陆龟蒙	519
许浑	507
刘长卿	505
皎然	498
杜牧	494
罗隐	469
张籍	463
姚合	458
钱起	429
贾岛	405
孟郊	402
王建	393
岑参	388
韩愈	371
张祜	366
皮日休	353
王维	350
温庭筠	350
权德舆	339
方干	337

记录: ◄ 第 1 项(共 2536 项) ► ►

图 3-29 查询各作者及其相应的诗歌数量

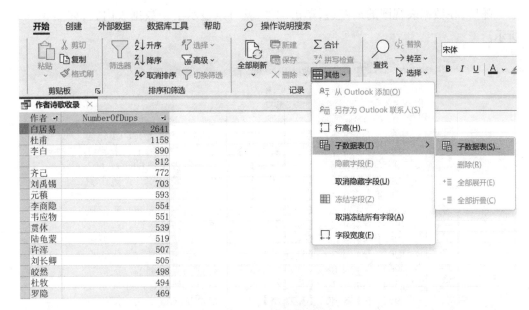

图 3 - 30　子数据表选择窗口

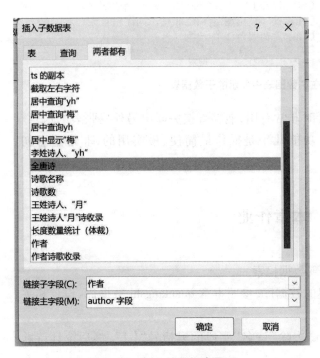

图 3 - 31　插入子数据表界面

图 3 - 32　链接入子数据表后的主数据表

随后，在数据表视图的最左边，单击加号，就可以显示出子数据表内容，如图3-33所示。

图3-33　在主数据表中显示的子数据表

子数据表在数据的录入和查看时非常有用，能够直接关联出另外一张表的信息。在中小型数据库中，Access的这一功能几乎是操作最简便、最实用的，非常适合初学者。

本章作业

1. 基于quantangshi数据库，实现数据检索。
2. 基于第2章作业中自行构建的数据库，参照本章quantangshi数据库，设计相关检索。
3. 基于quantangshi数据库，尝试去除"诗名"字段的黑括号"【】"，然后统计诗歌题目的长度分布等信息。

第4章 MySQL 数据库的操作

4.1 WampServer

我们把制作一个可供别人使用的古籍数据库比作运营一家书店。如何运营一家书店呢? 首先,你需要一个可以让别人逛的门面。其次,你还需要一个仓库来存放书籍。此外,还需要一个较为完整的服务框架,包括服务员、收银员、仓库管理员等。而你作为运营者,要做的是制定书店的运营方案。

因此,要制作一个古籍数据库,你需要有一个类似书店门面一样可以供别人访问的服务器软件——Apache,一个类似书店仓库一样存放数据的数据库软件——MySQL,还需要一个类似书店服务体系的代码运行环境——PHP。而你要做的就是类似制定书店运营方案的事情——整理古籍数据,设计古籍查询,构建古籍数据库检索系统。WampServer 是一个基于 Windows 平台、集成了 Apache、MySQL、PHP 的软件,这四个单词的首字母构成 WAMP,此为软件名的来源。安装了它,就可以编写和运行我们的代码,构建古籍数据库,并允许别人在线访问。

4.1.1 软件的下载

4.1.1.1 WampServer 的下载

可以从官方网站下载 WampServer:https://www.wampserver.com/en/,如图 4-1 所示。

图 4-1 WampServer 官网首页

点击 START USING WAMPSERVER,或者滚动到页面下方,选择需要的版本下载,通常选择 WAMPSERVER 64 BITS (X64) 3.2.6 即可,如图 4-2 所示。

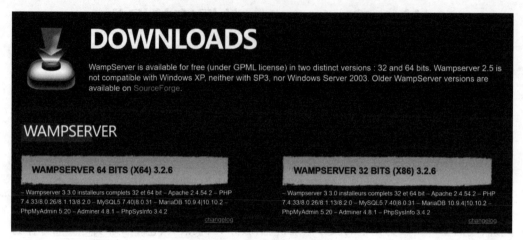

图 4-2　WampServer 下载界面

注意:如果电脑安装了杀毒软件或安全管家,安装期间可能会出现风险提示,这时我们要选择允许本次操作,否则可能会影响 WampServer 的安装与运行。

4.1.1.2　微软运行集成库的下载和安装

微软运行集成库是一个用于提供 WampServer 运行基本元件的工具包,可以直接访问 https://github.com/GoThereGit/textbooks 进行下载。

在安装 WampServer 之前,首先需要安装我们刚刚下载的微软运行集成库。安装分为四步。

第一步,找到微软运行集成库所在的文件夹,双击打开,如图 4-3 所示。

图 4-3　软件图标

第二步,点击"下一步",如图 4-4 所示。

图 4-4　安装页面

第三步,将最后一行的"Visual Studio 2010 Tools For Office Runtime"选项选上,然后点击"下一步",如图 4-5 所示。

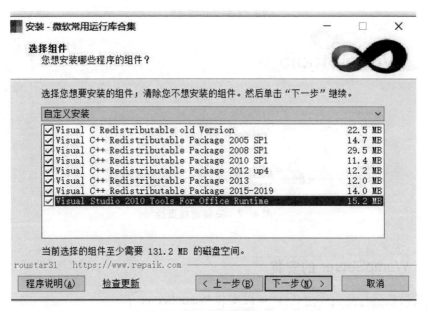

图 4-5　安装选项

第四步,大概等待 3—5 分钟后,会出现提示安装成功的页面,表示安装已完成,如图 4-6 和图 4-7 所示。

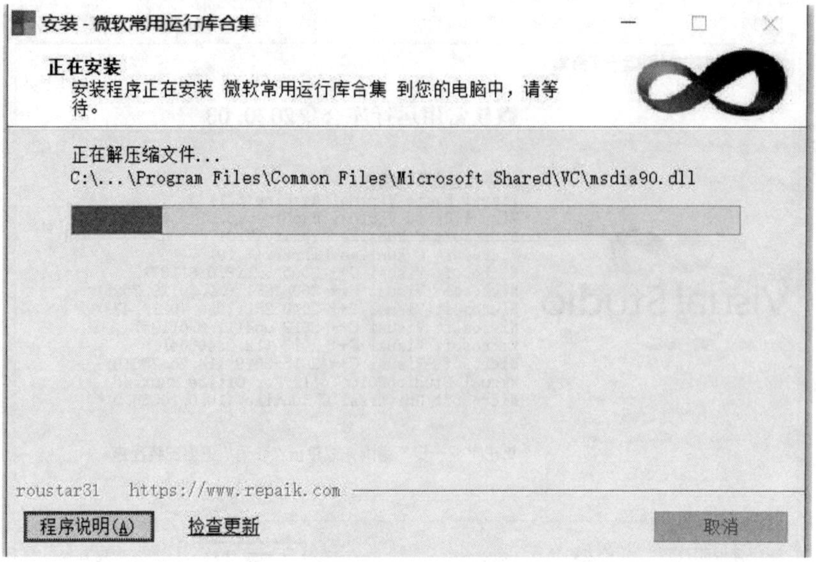

图 4-6 安装页面

图 4-7 安装完成页面

4.1.2 WampServer 的安装

安装微软运行集成库之后，就可以安装 WampServer 了。

第一步，找到 WampServer 安装包所在的文件夹，双击打开，如图 4-8 所示。

图 4-8 软件图表

第二步,在语言选择页面,点击"OK",如图 4-9 所示。

注意:此处不需要修改使用系统的默认语言 English。

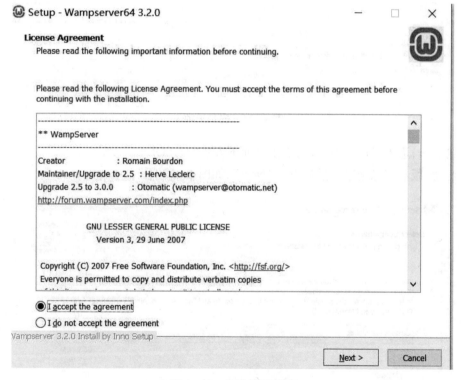

图 4-9　语言选择页面

第三步,选择"I accept the agreement",然后点击"Next",如图 4-10 所示。

图 4-10　安装选项界面

第四步,进入安装位置选择页面,此处不需要修改路径,直接点击"Next",如图 4-11 所示。

注意:电脑水平较高的读者也可以修改路径,但是路径中一定不要有中文字符,否则安装后无法使用。

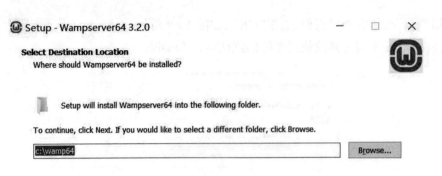

图 4-11　安装选项

第五步，进入组件选择页面，点击页面下方的"MySQL 5.7.28"。
注意：版本切忌选错。然后点击"Next"，如图 4-12 所示。

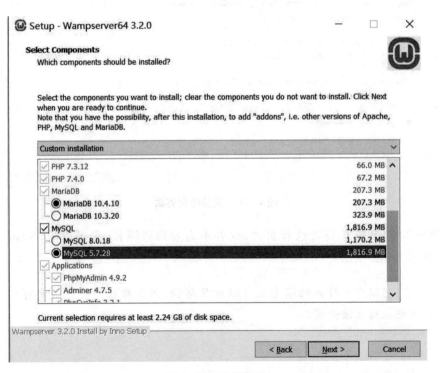

图 4-12　安装选项

　　第六步,点击"Next",然后再点击"Install",即可开始安装,如图 4 - 13 和 4 - 14 所示。

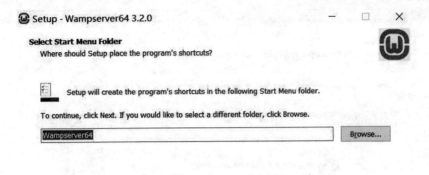

图 4 - 13　选择安装位置

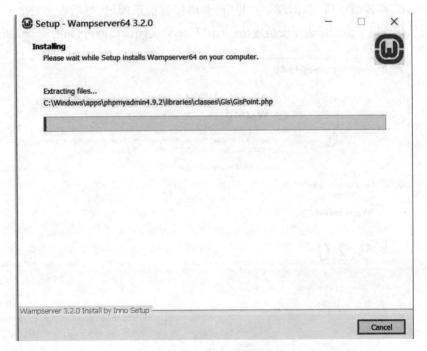

图 4 - 14　安装过程界面

第七步,在安装的过程中,会弹出以下弹窗,点击"是"即可,不需要额外的操作,如图4-15所示。

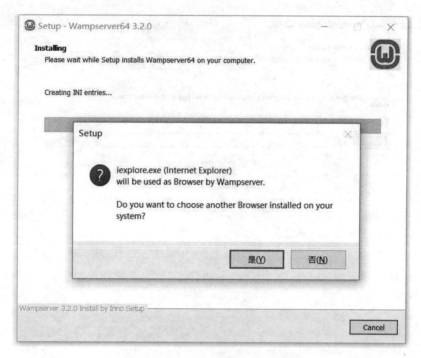

图4-15 安装选项

第八步,安装结束后,会出现一些提醒,忽略错误提示即可,然后点击"Next"。最后,出现以下窗口即表示安装成功,点击"Finish"关闭窗口即可,如图4-16所示。

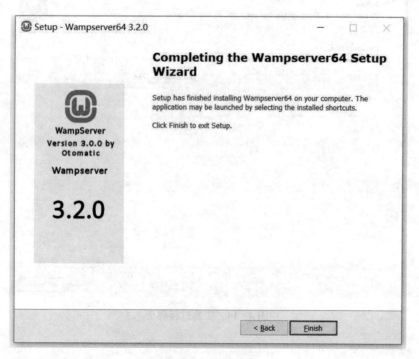

图4-16 安装完成

4.1.3　软件的启动

我们在桌面找到 WampServer 的图标,右键选择"以管理员身份运行",如图 4 - 17 所示。

图 4 - 17　以管理员身份运行

此时电脑右下角任务栏里会出现 WampServer 的图标。WampServer 启动时,图标显示一般将经历红—橙—绿的变化过程。绿色表示 WampServer 已经开启,橙色表示未完全开启,红色表示未开启。

1. 如果右下角任务栏未出现 WampServer 图标,切勿重复启动。请先检查一下 WampServer 是否被隐藏,点击任务栏的小三角,打开隐藏的图标,将 WampServer 拖出来即可。
2. 如果启动后的 WampServer 图标不是绿色,通常是电脑 80 端口被占用,请卸载电脑原先安装过的数据库软件或尝试更换设备。

4.1.4　认识基本界面

WampServer 的使用从点击任务栏里的图标开始,右击小绿盘,会出现如图 4 - 18 所示窗口。

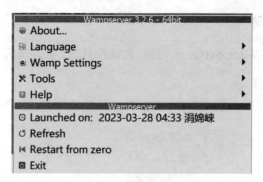

图 4-18　右击窗口

鼠标左键点击小绿盘,会出现如图 4-19 所示选项卡。

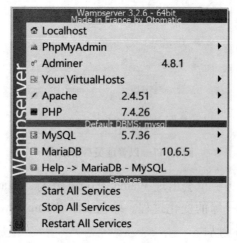

图 4-19　左击窗口信息

本节我们主要介绍左击后出现窗口的 Localhost 与 PhpMyAdmin 两个选项。
Localhost 意思是本地主机,我们可以在浏览器中打开,如图 4-20 所示。

图 4-20　浏览器打开 Localhost 网址栏显示

在 WAMPSERVER Homepage 这个界面,我们可以查看一些基本信息,如本地安装
的 Apache 版本、PHP 版本和本地端口号,以及安装的模块等信息,如图 4-21 所示。

在 Localhost 中 Your Aliases 的下方,或左击 WampServer 图标,选择 PhpMyAdmin
5.1.1,如图 4-22 所示,即可进入网页版数据库,或者在浏览器地址栏输入"Localhost/
PhpMyAdmin"也可,如图 4-23 所示。

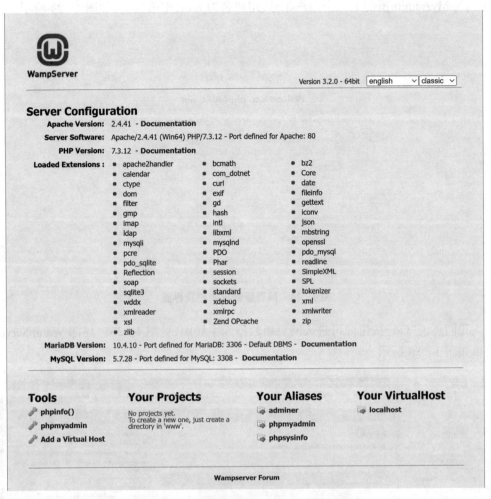

图 4 - 21　浏览器打开 Localhost 主页显示

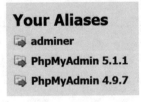

图 4 - 22　Your Aliases 页面

图 4 - 23　进入网页版数据库

phpMyAdmin 预设了一个用户账号，用户名为 root，密码为空，如图 4-24 所示。

图 4-24 网页版数据库登录界面

我们点击"Go"按钮即可进入网页版数据库主界面，见图 4-25。局部 WampServer 菜单如图 4-26 所示。

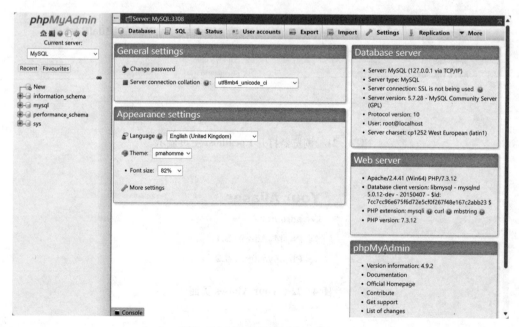

图 4-25 网页版数据库主界面

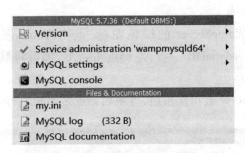

图 4－26 局部 WampServer 菜单

Services 菜单如图 4－27 所示，主要有三个功能，分别是开启所有服务和停止所有服务和重启所有服务。在代码运行时，如果遇到死机的情况，可以通过重启服务来使其恢复正常。

图 4－27 Services 菜单

4.1.5 参数设置与初始化

在安装完成之后，为了更好地使用，我们需要对 WampServer 进行一些调整。

（1）显示 WWW 选项

鼠标右击小绿盘，打开设置菜单，如图 4－28 所示。

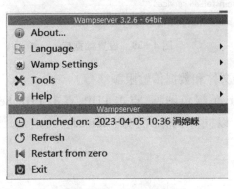

图 4－28 设置菜单

找到 Show www folder in Menu，我们可以把它勾选起来，再左击打开，就会发现多了一个 www 目录。

点开这个 www 目录，就可以直接进入我们安装的 Web Server64 位系统的 www 目录文件夹，这里就相当于一个网站。在 www 目录之下，我们可以存放网页文件和 PHP 文件，进行网站设计和编程。

（2）设置默认数据库

首先，右键点击 WampServer 的绿色图标，点击 Tools，然后找到 Invert default DBMS MySQL < - > MariaDB 一行，左键点击一下，即可将默认数据库设置更改为 MySQL，如图 4-29 所示。

点击之后 WampServer 会再次重启，等重启完成之后再进行下一步操作。

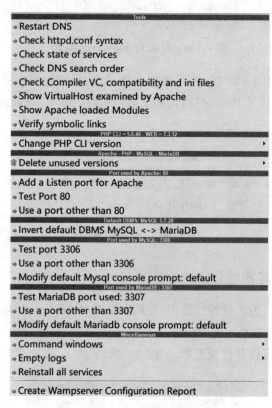

图 4-29 设置数据库

（3）修改最大上传文件和数据传输限额

左键单击 WampServer 绿色图标，点击 PHP，点击 PHP Settings，找到 post_max_size，将其改为 256 M。以同样的方式找到 upload_max_size，将其改为 256 M，如图 4-30 所示。

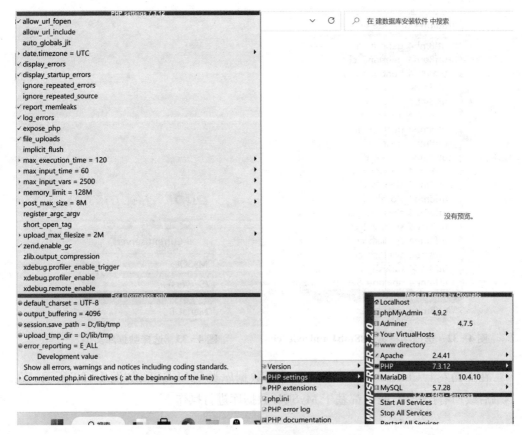

图 4-30　设置数据库参数

（4）修改 phpMyAdmin 编码

首先打开 phpMyAdmin，在 General settings 中的 Server connection collation 中，我们可以设置服务器的字符集。注意：在本书后续所有的操作中，我们一直都选择 utf8mb4_unicode_ci 编码，如图 4-31 所示。它是一个支持跨语言的字符集，其他字符集都是基于某种语言的。

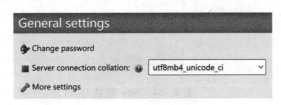

图 4-31　字符集设置界面

我们要熟悉字符集的位置，后面经常用到，其位置在下拉列表的倒数第 2 个，如图 4-32 所示。

图4-32　选择字符集 utf8mb4_unicode_ci　　　　图4-33　选择数据库类型

在界面左上 Current server 处,我们选择数据库类型 MySQL,如图4-33所示。在本书后续所有操作中,我们都基于 MySQL 数据库进行操作。

4.2　数据库设计与创建

MySQL 数据库的设计与创建主要使用我们上一节学习到的 phpMyAdmin 工具,其基本操作和 Access 非常相近。

4.2.1　数据库的创建

我们点击界面左边的 New,如图4-34所示。

New

图4-34　New 链接

然后,就可以进入 Databases 的创建界面,如图4-35所示。

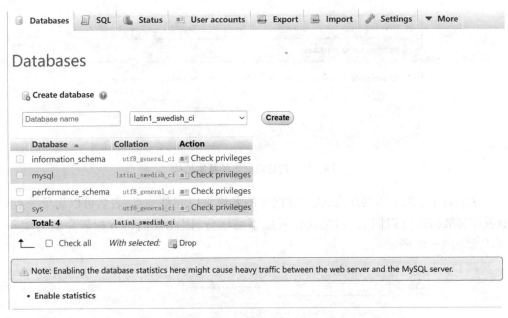

图 4-35　Databases 的创建界面

在这里,我们将继续使用全唐诗的语料来创建数据库,如图 4-36 所示。

图 4-36　创建新数据库

我们在 Create database 下方可以进行对数据库进行命名并选择字符集。数据库命名为 tangshi,字符集选择 utf8mb4_unicode_ci。

> 注意:在数据库以及后续数据表命名时,切记一定要使用英文字符和标点,不要使用中文字符、中文标点以及空格。尽量使用英文字母和下画线的组合,例如唐诗数据库命名为"tangshi"。

点击 Create 按钮后,即完成了数据库的创建。创建好的数据库会显示在 phpMyAdmin 的左边栏。

4.2.2　创建数据表

点击左侧的数据库名,就可以在后面进行数据表的创建。Name 里填入的是数据表的名称,Number of columns 里填入的是字段的数量,如图 4-37 所示。

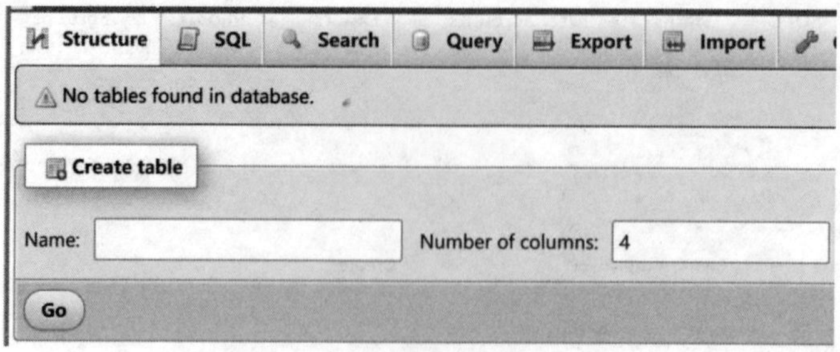

🗎 Structure	📋 SQL	🔍 Search	🗎 Query	🗎 Export	🗎 Import	🔑

⚠ No tables found in database.

🗎 Create table

Name: [_____]   Number of columns: [4]

Go

图4-37　创建数据表的基本结构

这里有一个细节需要注意:我们数据库的名称可以完整一点,表名可以简单一点。数据库和数据表可以同名,但是这样可能不易区分,因此我们将数据表命名为缩写"ts",如图4-38所示。

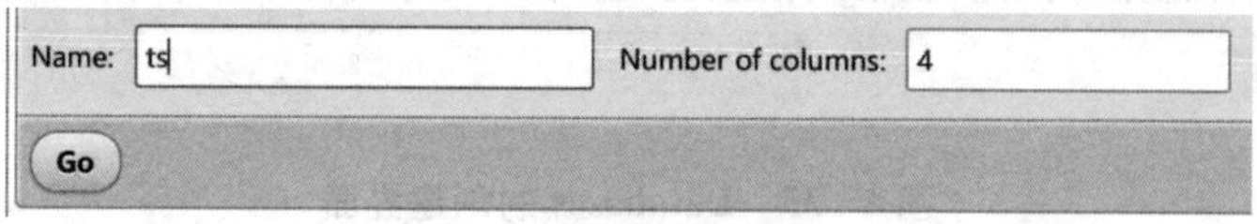

Name: [ts_____]   Number of columns: [4]

Go

图4-38　命名数据表

点击 Go 按钮运行,运行数据表如图4-39所示。

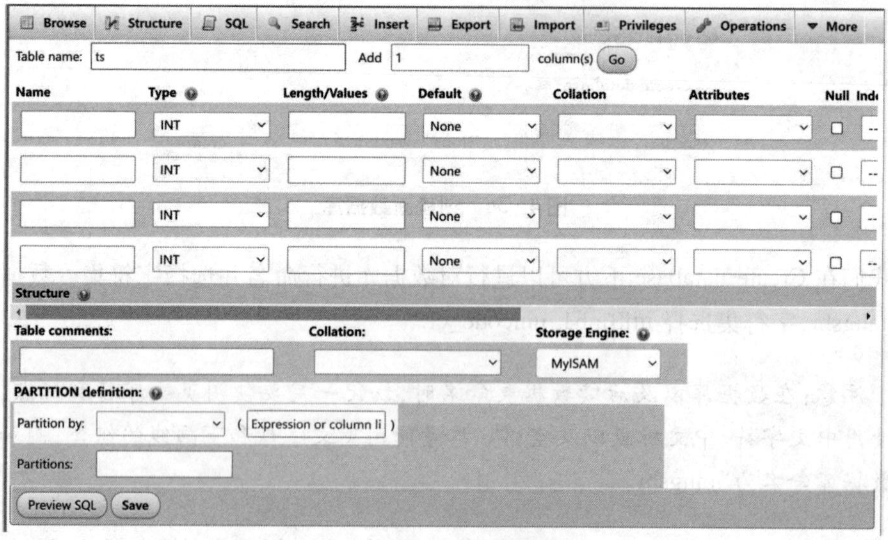

Table name: [ts]   Add [1]   column(s) [Go]

Name	Type ⓘ	Length/Values ⓘ	Default ⓘ	Collation	Attributes	Null	Ind
[_____]	INT ⌄	[_____]	None ⌄	[⌄]	[⌄]	☐	--
[_____]	INT ⌄	[_____]	None ⌄	[⌄]	[⌄]	☐	--
[_____]	INT ⌄	[_____]	None ⌄	[⌄]	[⌄]	☐	--
[_____]	INT ⌄	[_____]	None ⌄	[⌄]	[⌄]	☐	--

Structure ⓘ

Table comments: Collation: Storage Engine: ⓘ
[_____]   [_____⌄]   [MyISAM ⌄]

PARTITION definition: ⓘ

Partition by: [_____⌄] ([Expression or column li])
Partitions: [_____]

[Preview SQL] [Save]

图4-39　运行数据表

我们可以观察一下页面内的信息,熟悉一下相关功能。

Table name 是数据表的名称,它右边的 Add column(s)是增加一个或多个字段。

图4-40中的 Name 指字段名称,Type 是指数据类型。数据类型有很多,但是我们只要掌握前三种:INT 整数型,VARCHAR 可变长字符串,TEXT 文本型。(VARCHAR

的长度是 0—65 535 个字符,但是在不同版本中和可变长度上限不一样,老版本是
0—255。)

　　Length/Values 代表字段长度,我们需要尽可能设置足够容纳字段的最小长度。之
所以限制得这么精确,是因为在大数据库中,将字段的宽度提前设置好可以节省存储空
间,而这个差距在大量数据上(比如说上亿条数据的时候)体现得就非常明显了。

　　Default 栏我们暂时不会用到。

　　Collation 代表每个字段编码的字符集。我们依然把它拉到底,选倒数第 2 个
utf8mb4_unicode_ci。

　　我们可以拖动界面中间的滚动条,来看看最上方右边的设置。

　　Comments 指对字段附加的说明,当然它可以为空,我们也暂时不会涉及。

　　我们依次按需要设置好 4 个字段,如图 4-40 所示。

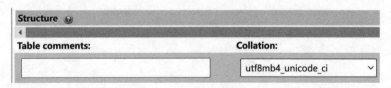

图 4-40　设置字段

　　注意:还有一步请不要遗漏,虽然我们已经选择好了 4 个字段的字符集,但是下方
还有整个数据表使用的字符集。我们依旧选择倒数第 2 个:utf8mb4_unicode_ci,如图
4-41 所示。

图 4-41　设置字段的字符集

　　此时完整的界面如图 4-42 所示。

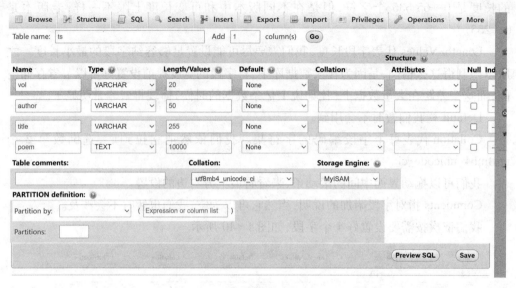

图4-42 完整界面展示

点击 Save,此时在 Structure 界面我们就可以看到数据表中已经建立的字段,即数据表的结构,如图4-43 所示。

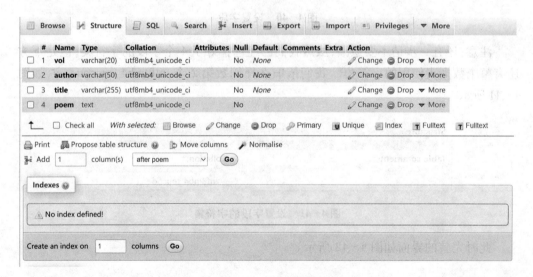

图4-43 Structure 界面检查已建立字段

4.2.3　数据表的记录操作

4.2.3.1　数据的手动输入

字段基本结构有了,那么我们如何将数据输入数据表呢? 我们可以点击界面左边右上方的 tangshi 数据库,数据表界面如图 4-44 所示。

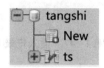

图 4-44　数据表界面

回到数据库结构界面,如图 4-45 所示。我们可以点击对应数据表后面的 Insert 输入数据,如图 4-46 所示。注意:读者看到的界面可能由于缩放略有不同。

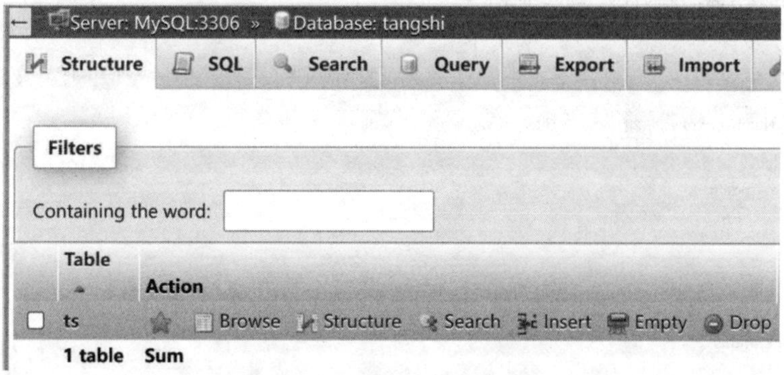

图 4-45　数据库结构界面

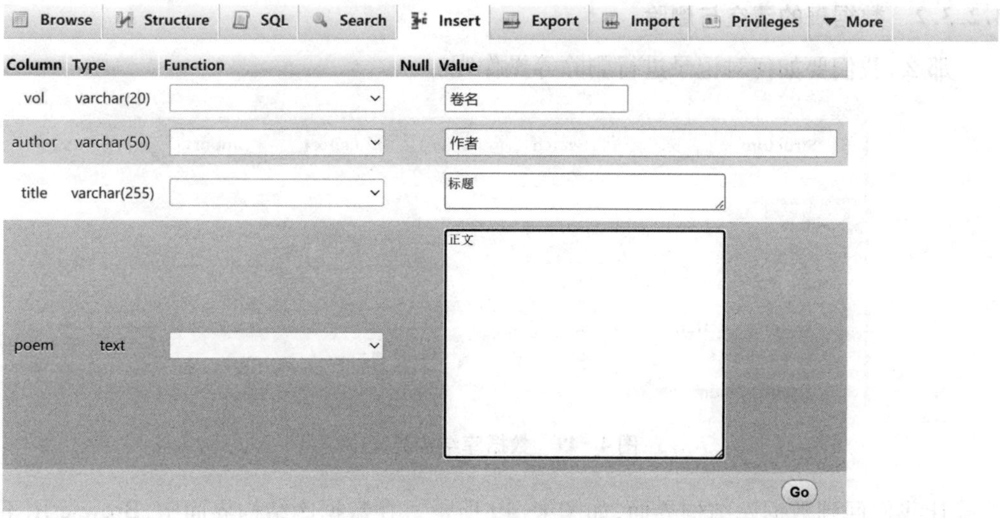

图 4-46　输入数据

Value 栏可以手动输入数据。这里就可以输入中文了，因为这是数据内容而不是数据结构。手动输入比较费力，我们后面会学习如何用快捷的方式导入数据，这里先暂时用各字段中文名作为各字段内容。

点击第一个 Go 按钮即可插入一条记录，如图 4-47 所示。

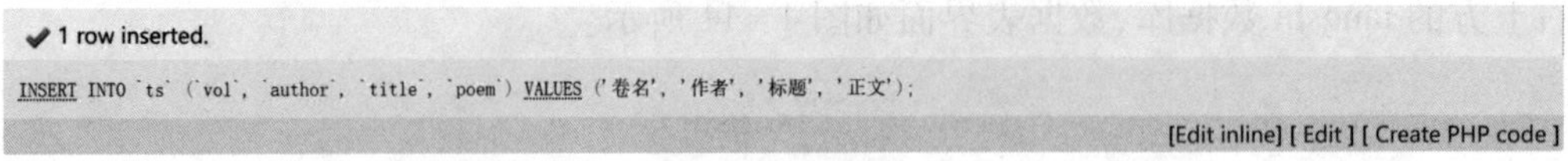

图 4-47　插入记录

点击界面上方 Browse 即可看到我们插入的内容，如图 4-48 所示。

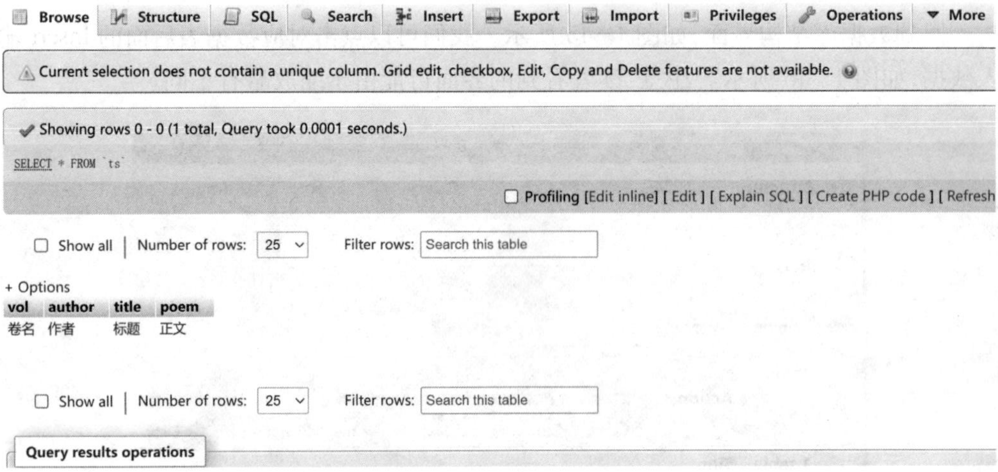

图 4-48　查看插入的内容

4.2.3.2　数据表的清空与删除

那么，我们要如何对记录进行删除等操作呢？

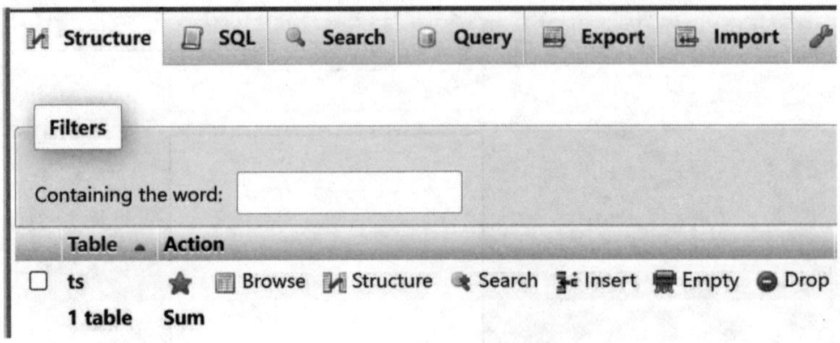

图 4-49　数据库结构界面

让我们回到数据库结构界面，如图 4-49 所示。在数据库结构界面中，Browse 用于浏览数据表中的数据，Structure 用于查看数据表的结构，Search 用于搜索数据表中的数据，Insert 用于向数据表中插入新的数据，Empty 代表清空表内所有的数据但保留结构，

Drop 代表删除整张数据表（数据、结构）。此时，我们点击 Empty，然后再点击 OK，可以看到之前插入的数据已经消失。

> Empty 和 Drop 操作对初学者来说比较危险，数据难以恢复，请慎重使用。

4.2.3.3　数据的导入

我们现在已经学会了如何手动输入数据，但是这毕竟非常费时费力，如何快速简便地将外部数据导入数据库呢？点击上方 Import 按钮，进入导入界面，如图4-50 所示。

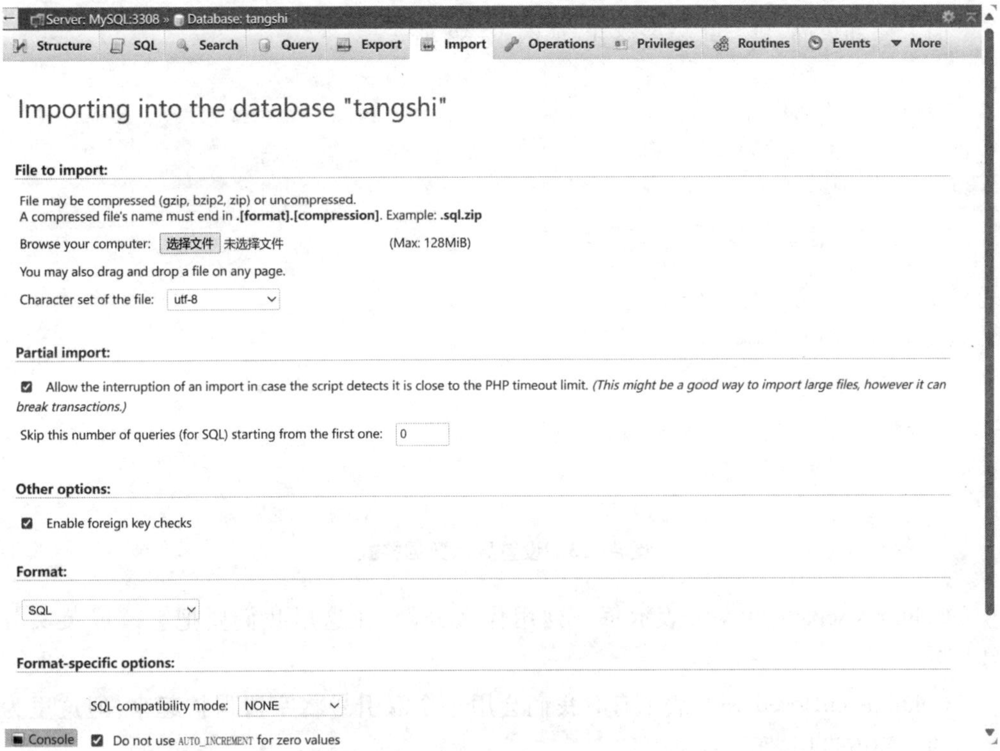

图 4-50　导入数据界面

我们在 Browse your computer 后面选择相应的文件（本例为 tsnew. txt），如图4-51 所示。

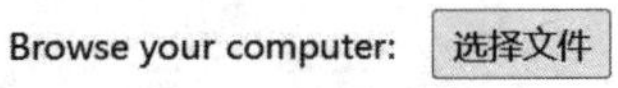

图 4-51　选择文件

Format 选取栏里选第 2 种：CSV using LOAD DATA，如图4-52 所示。

图 4-52　Format 选取栏

向下滚动界面，进一步设置格式，如图 4-53 所示。

Format-specific options:

☐ Update data when duplicate keys found on import (add ON DUPLICATE KEY UPDATE)

Columns separated with: [;]

Columns enclosed with: ["]

Columns escaped with: [\]

Lines terminated with: [auto]

Column names: [　　　　　]

☐ Do not abort on INSERT error

☐ Use LOCAL keyword

图 4-53　设置导入数据格式

Columns separated with 表示每一列用什么分割，在这里我们要把它改成英文分号"；"。

Columns enclosed with 表示有时我们会用一个双引号将字段保护起来，但这里为了节约空间就没用，所以这一栏留空。

Columns escaped with 这里不用改。

Lines terminated with 这里不用改。

最终完整导入界面，如图 4-54 所示。

图 4 - 54　导入界面总览

　　点击 Go 运行,结果如图 4 - 55 所示。

　　文本文件中的数据已导入,但是第一条手动输入的数据还在,如何删除呢? 因为在此界面上找不到任何删除单条记录的按钮,我们将在下一章中介绍如何操作。

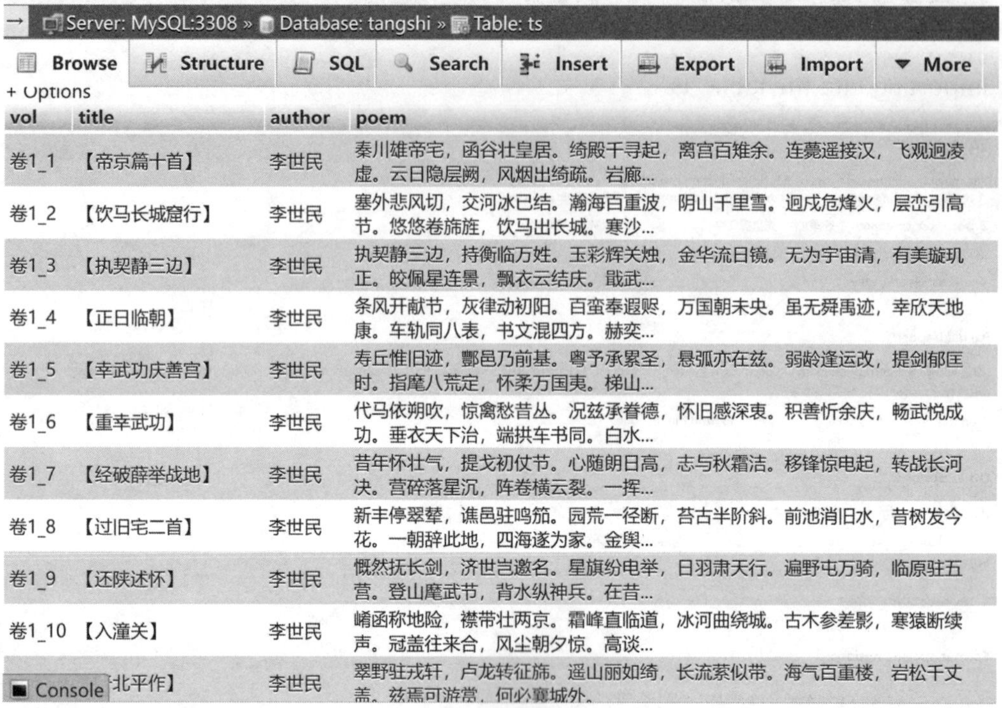

vol	title	author	poem
卷1_1	【帝京篇十首】	李世民	秦川雄帝宅，函谷壮皇居。绮殿千寻起，离宫百雉余。连甍遥接汉，飞观迥凌虚。云日隐层阙，风烟出绮疏。岩廊...
卷1_2	【饮马长城窟行】	李世民	塞外悲风切，交河冰已结。瀚海百重波，阴山千里雪。迥戍危烽火，层峦引高节。悠悠卷旆旌，饮马出长城。寒沙...
卷1_3	【执契静三边】	李世民	执契静三边，持衡临万姓。玉彩辉关烛，金华流日镜。无为宇宙清，有美璇玑正。皎佩星连景，飘衣云结庆。戢武...
卷1_4	【正日临朝】	李世民	条风开献节，灰律动初阳。百蛮奉遐赆，万国朝未央。虽无舜禹迹，幸欣天地康。车轨同八表，书文混四方。赫奕...
卷1_5	【幸武功庆善宫】	李世民	寿丘惟旧迹，酆邑乃前基。粤予承累圣，悬弧亦在兹。弱龄逢运改，提剑郁匡时。指麾八荒定，怀柔万国夷。梯山...
卷1_6	【重幸武功】	李世民	代马依朔吹，惊禽愁昔丛。况兹承眷德，怀旧感深衷。积善忻余庆，畅武悦成功。垂衣天下治，端拱车书同。白水...
卷1_7	【经破薛举战地】	李世民	昔年怀壮气，提戈初仗节。心随朗日高，志与秋霜洁。移锋惊电起，转战长河决。营碎落星沉，阵卷横云裂。一挥...
卷1_8	【过旧宅二首】	李世民	新丰停翠辇，谯邑驻鸣笳。园荒一径断，苔古半阶斜。前池消旧水，昔树发今花。一朝辞此地，四海遂为家。金舆...
卷1_9	【还陕述怀】	李世民	慨然抚长剑，济世岂邀名。星旗纷电举，日羽肃天行。遍野屯万骑，临原驻五营。登山麾武节，背水纵神兵。在昔...
卷1_10	【入潼关】	李世民	崤函称地险，襟带壮两京。霜峰直临道，冰河曲绕城。古木参差影，寒猿断续声。冠盖往来合，风尘朝夕惊。高谈...
	北平作】	李世民	翠野驻戎轩，卢龙转征旆。遥山丽如绮，长流萦似带。海气百重楼，岩松千丈盖。兹焉可游赏，何必襄城外。

图 4-55　数据表视图检查导入结果

4.2.3.4　数据的导出

完成了 Import（导入）的操作，那我们如何 Export（导出）呢？

我们选中 tangshi 数据库，点击上方的 Export，接着点击 Go 运行，如图 4-56 所示，即可导出并下载对应的 ts. sql 数据库文件。

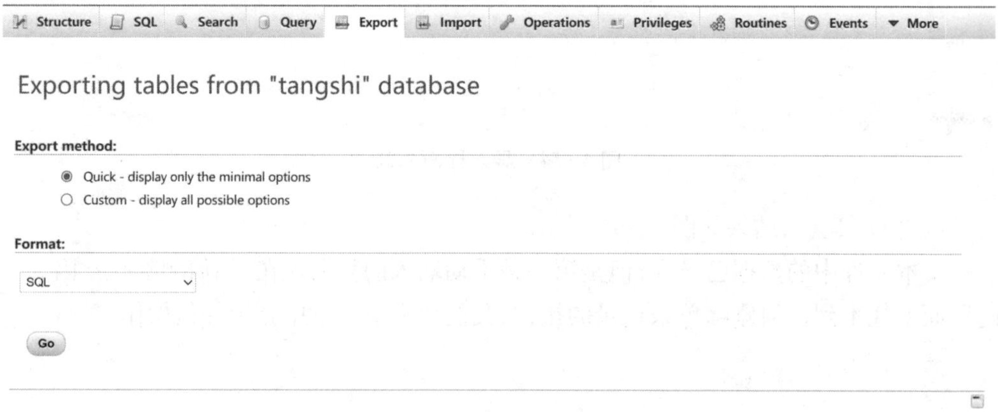

图 4-56　下载对应的数据库文件

　　我们新建一个空数据库,Import(导入)刚刚下载的 ts. sql,即可将原来的整个数据库导入,实现数据的迁移,如图 4-57 所示。

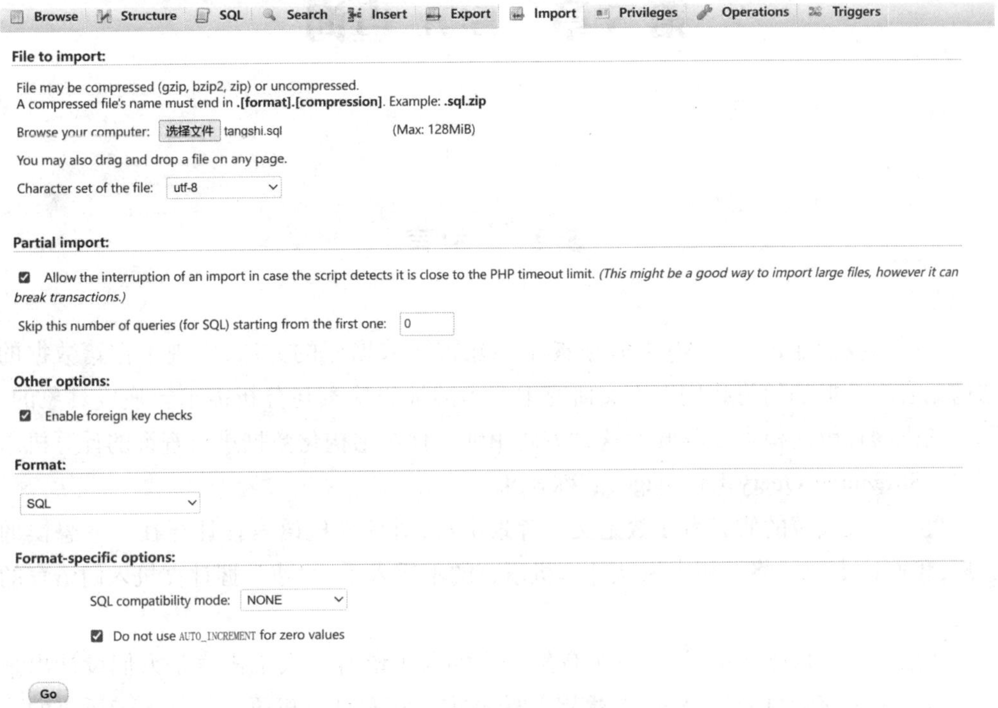

图 4-57　数据库迁移界面

本章作业

1. 完成 WampServer 的安装和参数设置。
2. 在 phpMyAdmin 中创建数据库和数据表,导入《全唐诗》数据。
3. 在互联网上查找自己感兴趣的语料库,观察它们的界面和功能设计,思考如何设计和构建自己的语料库。

第 5 章 SQL 查询

5.1 引言

上一章我们通过学习 MySQL 掌握了构建古籍数据库的方法,实现了古籍数据的结构化表示。但如何将我们在人文研究中产生的抽象检索与分析需求转换成具象的、可以被机器理解的检索步骤呢?这就需要用到一种对结构化数据进行查询的计算机语言——Structured Query Language,简称 SQL。

数字人文领域的研究者多数是文科背景出身,对计算机语言往往存在一些恐惧的心理,我们这本教材将带领大家从计算机语言的本质入手,快速掌握计算机入门语言的使用。

从语言学的角度来讲,语言分为自然语言和人工语言。人工语言是人们设计出来用于达到某种交际目的的语言,本章节所要学习的 SQL 计算机语言就是人工语言的一种。计算机语言既然是人们设计出来的,并且服务于人与计算机之间的信息沟通,其语法必然是以人类已经掌握的自然语言为基础。SQL 语言是 20 世纪 70 年代由 IBM 公司的 Boyce 和 Chamberlin[1] 提出,并借用了英语的词汇和语法结构设计出来的。因此,我们可以像学习英语一样,理解和掌握 SQL 语言。

5.2 简单的查询

这里给出一个查询示例,来感受一下 SQL 语言的表达方式。

假设在分析《全唐诗》的过程中我们有一个需求:从唐诗数据表中找出李白全部诗作的题目。

我们首先根据数据表的信息来重新描述一下:

从唐诗中选出作者是"李白"的题目,接下来,我们把它翻译成英文的 SQL 语句:

```
select title from ts where author is "李白"
```

---

[1] 参见 Chamberlin, Donald.（2012）. "Early History of SQL". *IEEE Annals of the History of Computing*. 34（4）: 78 - 82.

在翻译的过程中,我们给字段"title"加上了来源,告诉计算机它是"ts"数据表的"title"字段。另外,我们用 where 加上了限制条件,要求每一条记录的 author 字段必须是"李白"。

在计算机语言中,为了体现逻辑性,经常用数学符号来表示关系。所以,我们把 is 换成 =。另外为了让计算机更好地识别字段名和数据表名,我们给字段名和数据表名左右两端加上定界符"`":

```
select `title` from `ts` where `author` = "李白"
```

这就是一个典型的 SQL 查询语句。

接下来,我们将写好的 SQL 语句输入 phpMyadmin 中的 SQL 语句运行框中,点击 run,可以查询到李白所有诗歌的题目,如图 5-1 所示。

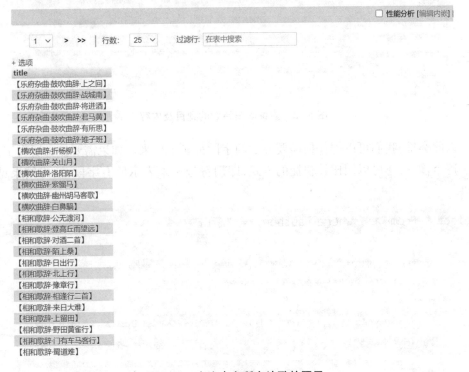

图 5-1　查询李白所有诗歌的题目

但是一般只显示诗歌题目这一个字段往往是不够的,如何同时显示诗文字段? 我们同样可以从英语语法的角度出发,对 SQL 语句进行改造,在`title`后面加上逗号和`text`,输出结果见图 5-2。

```
select `title`,`poem` from `ts` where `author` = "李白"
```

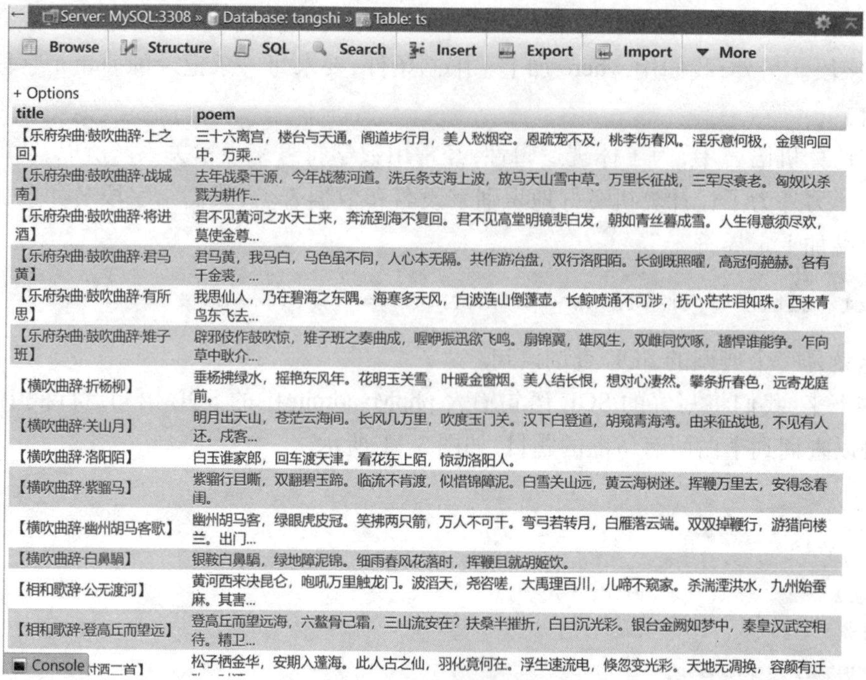

title	poem
【乐府杂曲·鼓吹曲辞·上之回】	三十六离宫，楼台与天通。阁道步行月，美人愁烟空。恩疏宠不及，桃李伤春风。淫乐意何极，金舆向回中。万乘...
【乐府杂曲·鼓吹曲辞·战城南】	去年战桑干源，今年战葱河道。洗兵条支海上波，放马天山雪中草。万里长征战，三军尽衰老。匈奴以杀戮为耕作...
【乐府杂曲·鼓吹曲辞·将进酒】	君不见黄河之水天上来，奔流到海不复回。君不见高堂明镜悲白发，朝如青丝暮成雪。人生得意须尽欢，莫使金尊...
【乐府杂曲·鼓吹曲辞·君马黄】	君马黄，我马白，马色虽不同，人心本无隔。共作游冶盘，双行洛阳陌。长剑既照曜，高冠何艳赫。各有千金裘，...
【乐府杂曲·鼓吹曲辞·有所思】	我思仙人，乃在碧海之东隅。海寒多天风，白波连山倒蓬壶。长鲸喷涌不可涉，抚心茫茫泪如珠。西来青鸟东飞去...
【乐府杂曲·鼓吹曲辞·雉子班】	辟邪伎作鼓吹惊，雉子班之奏曲成，喔咿振迅欲飞鸣。扇锦翼，雄风生，双雌同饮啄，趫悍谁能争。乍向草中耿介...
【横吹曲辞·折杨柳】	垂杨拂绿水，摇艳东风年。花明玉关雪，叶暖金窗烟。美人结长恨，想对心凄然。攀条折春色，远寄龙庭前。
【横吹曲辞·关山月】	明月出天山，苍茫云海间。长风几万里，吹度玉门关。汉下白登道，胡窥青海湾。由来征战地，不见有人还。戍客...
【横吹曲辞·洛阳陌】	白玉谁家郎，回车渡天津。看花东上陌，惊动洛阳人。
【横吹曲辞·紫骝马】	紫骝行且嘶，双翻碧玉蹄。临流不肯渡，似惜锦障泥。白雪关山远，黄云海树迷。挥鞭万里去，安得念春闺。
【横吹曲辞·幽州胡马客歌】	幽州胡马客，绿眼虎皮冠。笑拂两只箭，万人不可干。弯弓若转月，白雁落云端。双双掉鞭行，游猎向楼兰。出门...
【横吹曲辞·白鼻騧】	银鞍白鼻騧，绿地障泥锦。细雨春风花落时，挥鞭且就胡姬饮。
【相和歌辞·公无渡河】	黄河西来决昆仑，咆吼万里触龙门。波滔天，尧咨嗟，大禹理百川，儿啼不窥家。杀湍湮洪水，九州始蚕麻。其害...
【相和歌辞·登高丘而望远】	登高丘而望远海，六鳌骨已霜，三山流安在？扶桑半摧折，白日沉光彩。银台金阙如梦中，秦皇汉武空相待。精卫...
…对酒二首】	松子栖金华，安期入蓬海。此人古之仙，羽化竟何在。浮生速流电，倏忽变光彩。天地无凋换，容颜有迁…

图 5-2　查询李白诗歌的题目及内容

以此类推，我们可以把任何需要显示的字段都显示出来。如果需要显示所有字段，除了逐个输入，还可以用比较快捷的方式，即用符号 * 来表示所有字段，输出结果见图 5-3。

```
select * from `ts` where `author` = "李白"
```

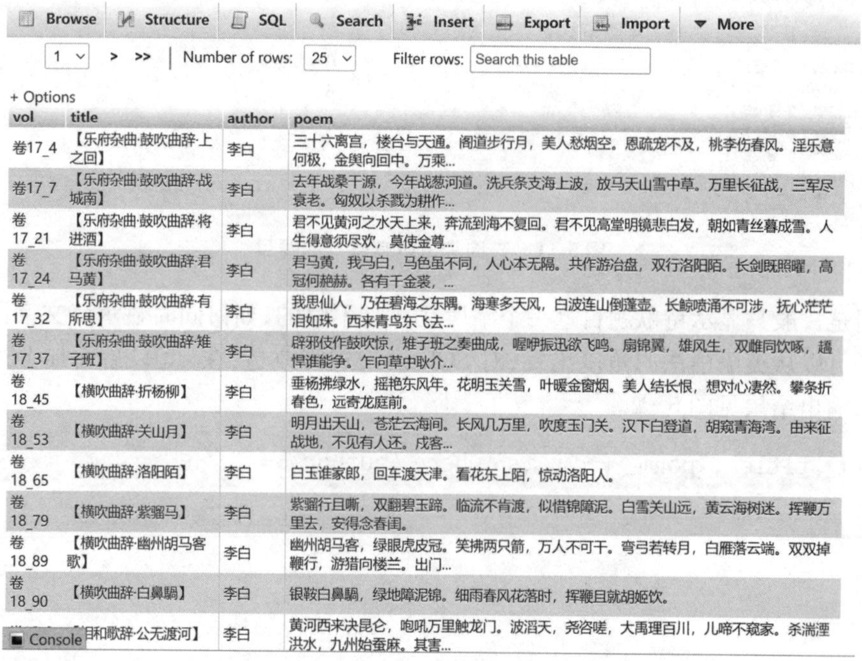

vol	title	author	poem
卷17_4	【乐府杂曲·鼓吹曲辞·上之回】	李白	三十六离宫，楼台与天通。阁道步行月，美人愁烟空。恩疏宠不及，桃李伤春风。淫乐意何极，金舆向回中。万乘...
卷17_7	【乐府杂曲·鼓吹曲辞·战城南】	李白	去年战桑干源，今年战葱河道。洗兵条支海上波，放马天山雪中草。万里长征战，三军尽衰老。匈奴以杀戮为耕作...
卷17_21	【乐府杂曲·鼓吹曲辞·将进酒】	李白	君不见黄河之水天上来，奔流到海不复回。君不见高堂明镜悲白发，朝如青丝暮成雪。人生得意须尽欢，莫使金尊...
卷17_24	【乐府杂曲·鼓吹曲辞·君马黄】	李白	君马黄，我马白，马色虽不同，人心本无隔。共作游冶盘，双行洛阳陌。长剑既照曜，高冠何艳赫。各有千金裘，...
卷17_32	【乐府杂曲·鼓吹曲辞·有所思】	李白	我思仙人，乃在碧海之东隅。海寒多天风，白波连山倒蓬壶。长鲸喷涌不可涉，抚心茫茫泪如珠。西来青鸟东飞去...
卷17_37	【乐府杂曲·鼓吹曲辞·雉子班】	李白	辟邪伎作鼓吹惊，雉子班之奏曲成，喔咿振迅欲飞鸣。扇锦翼，雄风生，双雌同饮啄，趫悍谁能争。乍向草中耿介...
卷18_45	【横吹曲辞·折杨柳】	李白	垂杨拂绿水，摇艳东风年。花明玉关雪，叶暖金窗烟。美人结长恨，想对心凄然。攀条折春色，远寄龙庭前。
卷18_53	【横吹曲辞·关山月】	李白	明月出天山，苍茫云海间。长风几万里，吹度玉门关。汉下白登道，胡窥青海湾。由来征战地，不见有人还。戍客...
卷18_65	【横吹曲辞·洛阳陌】	李白	白玉谁家郎，回车渡天津。看花东上陌，惊动洛阳人。
卷18_79	【横吹曲辞·紫骝马】	李白	紫骝行且嘶，双翻碧玉蹄。临流不肯渡，似惜锦障泥。白雪关山远，黄云海树迷。挥鞭万里去，安得念春闺。
卷18_89	【横吹曲辞·幽州胡马客歌】	李白	幽州胡马客，绿眼虎皮冠。笑拂两只箭，万人不可干。弯弓若转月，白雁落云端。双双掉鞭行，游猎向楼兰。出门...
卷18_90	【横吹曲辞·白鼻騧】	李白	银鞍白鼻騧，绿地障泥锦。细雨春风花落时，挥鞭且就胡姬饮。
	…相和歌辞·公无渡河】	李白	黄河西来决昆仑，咆吼万里触龙门。波滔天，尧咨嗟，大禹理百川，儿啼不窥家。杀湍湮洪水，九州始蚕麻。其害...

图 5-3　查询李白所写诗歌的全部内容

　　这种情况可以理解为较确定的情况,或者说是精确匹配。也就是说,需要找的目标字段的内容和我们设定的内容是完全吻合的。

　　那如果我们需要的检索结果不需要完全符合检索内容,而是符合一部分内容的情况,该如何表示呢?例如,我们要检索所有题目中含有"月"的诗,这时可以用%表示任意长度的字符,分别放于"月"的两端,构造成"%月%"的形式,从而表示"月"前和"月"后均有任意长度的字符。另外,由于匹配方式不再是精确匹配,而是模糊匹配,因此,需要将 = 换成"like",用于查找字段像"%月%"这种格式的记录。SQL 语句如下,输出结果见图 5-4。

```sql
select * from `ts` where `title` like "%月%"
```

vol	title	author	poem
卷437_53	【酬和元九东川路诗十二首·江楼月】	白居易	谁料江边怀我夜,正当池畔望君时。今朝...
卷437_58	【酬和元九东川路诗十二首·望驿台 (三月三十日) 】	白居易	靖安宅里当窗柳,望驿台前扑地花。两处春光同日尽,居人思客客思家。
卷439_58	【三月三日登庾楼寄庾三十二】	白居易	三日欢游辞曲水,二年愁卧在长沙。每登高处长相忆,何况兹楼属庾家。
卷439_69	【山中问月】	白居易	为问长安月,谁教不相寻。昔随飞盖处,今照出山时。借助秋怀旷,留连夜卧迟。如问旧乡信,应对好亲知。松下...
卷439_70	【正月十五日夜东林寺学禅偶怀蓝田杨主簿因呈智禅师】	白居易	新年三五东林夕,星汉迢迢钟梵近。花县当君行乐夜,松房是我坐禅时。忽看月满还相忆,始叹春来自不知。不觉...
卷439_79	【酬元员外三月三十日慈恩寺相忆见寄】	白居易	怅望慈恩三月尽,紫桐花落鸟关关。诚知曲水春相忆,其奈长沙老未还。赤岭猿声催白首,黄茅瘴色换朱颜。谁言...
卷439_81	【中秋月】	白居易	万里清光不可思,添愁益恨绕天涯,谁人陇外久征戍,何处庭前新别离。失宠故姬归院夜,没蕃老将上楼时。照他...
卷440_16	【梦微之 (十二年八月二十日夜) 】	白居易	晨起临风一惆怅,通川滦水断相闻。不知忆我因何事,昨夜三回梦见君。
卷440_60	【八月十五日夜滦亭望月】	白居易	昔年八月十五夜,曲江池畔杏园边。今年八月十五夜,滦浦沙头水馆前。西北望乡何处是,东南见月几回圆。临风...
卷440_71	【三月三日怀微之】	白居易	良时光景长虚掷,壮岁风情已暗销。忽忆同为校书日,每年同醉是今朝。
卷440_95	【十年三月三十日别微之于沣上十四年...为他年会话张本也】	白居易	沣水店头春尽日,送君上马谪通川。夷陵峡口明月夜,此处逢君是偶然。一别五年方见面,相携三宿未回船。坐从...
卷441_67	【三月三日】	白居易	暮春风景初三日,流世岁阴半百年。欲作闲游无好伴,半江惆怅却回船。
卷443_2	【宿阳城驿对月 (自此后诗赴杭州路中作) 】	白居易	亲故寻回驾,妻孥未出关。凤凰池上月,送我过商山。
卷443_51	【二月五日花下作】	白居易	二月五日花如雪,五十二人头似霜。闻有酒时须笑乐,不关身事莫思量。义和趁日沉西海,鬼伯驱人葬北邙。只有...
■ Console 卷443...	【予以长庆二年冬十月到杭州明年秋九始与范...遂留绝句】	白居易	云水埋藏恩德洞,簪褶束缚使君身。暂来不宿归州去,应被山呼作俗人。

图 5-4　查询所有题目中含有"月"的诗

　　单一检索条件并不能满足我们的需求。例如,我们想要查找题目中含有"月",并且是李白写的诗。对于这两种条件,我们可以使用 and 将两个需求连起来。SQL 语句如下,输出结果见图 5-5。

```sql
select * from `ts` where `title` like "%月%" and `author` = "李白"
```

Browse | Structure | SQL | Search | Insert | Export | Import | More

vol	title	author	poem
卷167_6	【峨眉山月歌，送蜀僧晏入中京】	李白	我在巴东三峡时，西看明月忆峨眉。月出峨眉照沧海，与人万里长相随。黄鹤楼前月华白，此中忽见峨眉客。峨眉...
卷172_3	【寄弄月溪吴山人】	李白	尝闻庞德公，家住洞湖水。终身栖鹿门，不入襄阳市。夫君弄明月，灭景清淮里。高踪邈难追，可与古人比。清扬...
卷172_16	【月夜江行，寄崔员外宗之】	李白	飘飘江风起，萧飒海树秋。登舻美清夜，挂席移轻舟。月随碧山转，水合青天流。杳如星河上，但觉云林幽。归路...
卷173_22	【自金陵溯流过白壁山玩月达天门，寄句容王主簿】	李白	沧江溯流归，白壁见秋月。秋月照白壁，皓如山阴雪。幽人停宵征，贾客忘早发。进帆天门山，回首牛渚没。川长...
卷176_2	【送族弟单父主簿凝摄宋城主簿至郭南月桥却回...留饮赠之】	李白	吾家青萍剑，操割有馀闲。往来纠二邑，此去何时还。鞍马月桥南，光辉歧路间。贤豪相追饯，却到栖霞山。群花...
卷178_3	【五月东鲁行，答汶上君（一作翁）】	李白	五月梅始黄，蚕凋桑柘空。鲁人重织作，机杼鸣帘栊。顾余不及仕，学剑来山东。举鞭访前途，获笑汶上翁。下愚...
卷178_35	【玩月金陵城西孙楚酒楼达曙歌吹日晚乘醉...访崔四侍御】	李白	昨玩西城月，青天垂玉钩。朝沽金陵酒，歌吹孙楚楼。忽忆绣衣人，乘船往石头。草裹乌纱巾，倒被紫绮裘。两岸...
卷178_41	【答裴侍御先行至石头驿以书见招，期月满泛洞庭】	李白	君至石头驿，寄书黄鹤楼。开缄识远意，速此南行舟。风水无定准，湍波或滞留。忆昨新月生，西檐若琼钩。今来...
卷179_6	【游泰山六首（天宝元年四月从故御道上泰山）】	李白	四月上泰山，石屏御道开。六龙过万壑，涧谷随萦回。马迹绕碧峰，于今满青苔。飞流洒绝巘，水急松声哀。北眺...
卷179_21	【把酒问月（故人贾淳令予问之）】	李白	青天有月来几时，我今停杯一问之。人攀明月不可得，月行却与人相随。皎如飞镜临丹阙，绿烟灭尽清辉发。但见...
卷179_43	【九月十日即事】	李白	昨日登高罢，今朝更举觞。菊花何太苦，遭此两重阳。
卷180_4	【登单父陶少府半月台】	李白	陶公有逸兴，不与常人俱。筑台像半月，回向高城隅。置酒望白云，商飙起寒梧。秋山入远海，桑柘罗平芜。水色...
卷180_28	【挂席江上待月有怀】	李白	待月月未出，望江江自流。倏忽城西郭，青天悬玉钩。素华虽可揽，清景不可游。耿耿金波里，空瞻鳷鹊楼。
卷181_32	【秋夜板桥浦泛月独酌怀谢朓】	李白	天上何所有，迢迢白玉绳。斜低建章阙，耿耿对金陵。汉水旧如练，霜江夜清澄。长川泻落月，洲渚晓寒凝。独酌...

图5-5　查询所有题目中含有“月”且为李白所作的诗

同样，如果不需要同时满足两个条件，而是满足其中一个即可，则可以用 or 来连接多个需求。例如，我们想找题目中含有“月”或者诗文中含有“月”的诗，可以使用以下 SQL 语句实现，输出结果见图5-6。

```
select * from `ts` where `title` like "%月%" and `poem` like "%月%"
```

vol	title	author	poem
卷1_12	【辽城望月】	李世民	玄兔月初明，澄辉照辽碣。映云光暂隐，隔树花如缀。魄满桂枝圆，轮亏镜彩缺。临城却影散，带晕重围结。驻跸...
卷2_4	【九月九日】	李治	端居临玉扆，初律启金商。凤阙澄秋色，龙闱引夕凉。野净山气敛，林疏风露长。砌兰亏半影，岩桂发全香。满盖...
卷5_55	【九月九日上幸慈恩寺，登浮图，群臣上菊花寿酒】	上官昭容	帝里重阳节，香园万乘来。却邪萸入佩，献寿菊传杯。塔类承天涌，门疑待佛开。睿词悬日月，长得仰昭回。
卷7_6	【关山月】	鲍君徽	高高秋月明，北照辽阳城。塞迥光初满，风多晕更生。征人望乡思，战马闻鼙惊。朔风悲边草，胡沙暗虏营。霜凝...
卷18_51	【横吹曲辞·关山月】	卢照邻	塞垣通碣石，虏障抵祁连。相思在万里，明月正孤悬。影移金岫北，光断玉门前。寄书谢中妇，时看鸿雁天。
卷18_52	【横吹曲辞·关山月】	沈佺期	汉月生辽海，曈曨出半晖。合昏玄兔郡，中夜白登围。晕落关山迥，光含霜霰微。将军听晓角，战马欲南归。
卷18_53	【横吹曲辞·关山月】	李白	明月出天山，苍茫云海间。长风几万里，吹度玉门关。汉下白登道，胡窥青海湾。由来征战地，不见有人还。戍客...
卷18_54	【横吹曲辞·关山月】	长孙佐辅	凄凄还切切，戍客多离别。何处最伤心，关山见秋月。关月竟如何，由来远近过。始经玄兔塞，终绕白狼河。忽忆...
卷18_55	【横吹曲辞·关山月】	耿湋	月明边徼静，戍客望乡时。塞古柳衰尽，关寒榆发迟。苍苍万里道，戚戚十年悲。今夜青楼上，还应照所思。
卷18_56	【横吹曲辞·关山月二首】	戴叔伦	月出照关山，秋风人未还。清光无远近，乡泪半书间。一雁过连营，繁霜覆古城。胡笳在何处，半夜起边声。
卷18_57	【横吹曲辞·关山月】	崔融	月生西海上，气逐边风壮。万里度关山，苍茫非一状。汉兵开郡国，胡马窥亭障。夜夜闻悲笳，征人起南望。
卷18_58	【横吹曲辞·关山月】	李端	露湿月苍苍，关头榆叶黄。回轮照海远，分彩上楼长。水冻频移幕，兵疲数望乡。只应城影外，万里共如霜。
卷18_59	【横吹曲辞·关山月】	王建	关山月，营开道白前军发。冻轮当碛光悠悠，照见三堆两堆骨。边风割面天欲明，金莎岭西看看没。
卷18_60	【横吹曲辞·关山月】	张籍	秋月朗朗关山上，山中行人马蹄响。关山秋来雨雪多，行人见月唱边歌。海边漠漠天气白，胡儿夜度黄龙碛。军中...
Console	…吹曲辞·关山月】		翁绶裴回汉月满边州，照尽天涯到陇头。影转银河寰海静，光分玉塞古今愁。

图5-6　查询所有题目中含有“月”或内容含有“月”的诗

如果我们的需求有 2 个及以上,并且同时包含 and 和 or 关系,那么就需要注意 and 和 or 的计算优先级。在计算机中,and 会优先于 or 被计算,而不是类似于数学公式的从左到右的运算顺序。例如,如果我们想从李白或杜甫写的诗中找李白写的关于"月"的诗,SQL 语句如下,输出结果见图 5-7。

```
select * from `ts` where `title` like "%月%" and (`author` = "李白" or
`author` = "杜甫")
```

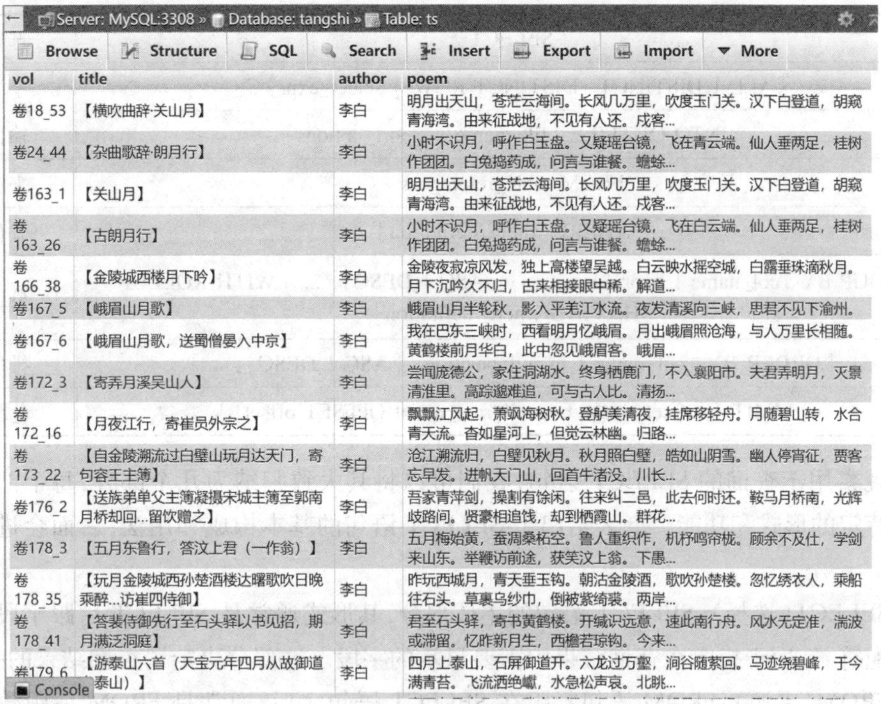

图 5-7　查询李白写的关于"月"的诗

在 SQL 语句中,书写的大小写通常是可以灵活选择的。例如,select 和 SELECT 都可以正常运行。然而,请务必注意,尽管 SELECT 可以被识别,但绝对不要使用单词首字母大写的形式,这种形式不能被程序正确识别。

为了代码的可读性,本书后续将全部采用大写来展示。

5.3　查询的基本语法

上一节学习了简单的 SELECT 查询语句，接下来将具体介绍 SELECT 语句的主要语法，如表 5-1 所示。

表 5-1　SELECT 语句的基本语法①

SELECT	选择
［ALL ｜ DISTINCT ｜DISTINCT ROW］select_expr, ...	字段
［INTO OUTFILE 'file_name' export_options］	输出
FROM table_references	来源
［WHERE where_definition］	条件
［GROUP BY {col_name ｜ expr ｜ position} ［ASC ｜ DESC], ... ［WITH ROLLUP］］ ［HAVING where_definition］	分组
［ORDER BY {col_name ｜ expr ｜ position} ［ASC ｜ DESC], ... ］	排序
［LIMIT {［offset,］row_count ｜ row_count OFFSET offset}］	范围

观察用于查询的 SELECT 语句，我们可以将其大致归纳为几个部分，每个部分都有其特定的形式和功能。上表给出了 SELECT 语句的基本构成和用法，后面会进一步介绍。

SELECT（选择）：SELECT 语句的主体部分，其形式通常是 SELECT 后跟字段名或者通配符＊，用于指定在查询结果中需要显示的字段。这部分决定了查询结果的列。

FROM（来源）：FROM 语句紧跟在 SELECT 语句之后，通常是 FROM 后跟数据表名，用于指定查询操作的目标数据表。这部分决定了查询的数据来源。

WHERE（条件）：WHERE 语句紧随 FROM 语句之后，其形式通常是 WHERE 后跟具体的查询条件，可以包括精确查询和模糊查询，多个条件之间使用 AND 或者 OR 连接。这部分决定了查询结果的筛选条件。

GROUP BY（分组）：GROUP BY 语句紧随 WHERE 语句之后，其形式通常是 GROUP BY 后跟字段名，用于指定按某个字段进行分组。这部分用于对查询结果进行分组统计。

ORDER BY（排序）：ORDER BY 语句通常位于 SELECT 语句的最后，其形式是 ORDER BY 后跟字段名，用于指定按照某个字段进行排序。这部分用于对查询结果进行排序，可以按照升序或者降序排列。

熟练掌握 SELECT 语句的以上几个主要部分，基本可以解决古籍数据库建设中遇

---

① 在 SQL 语句中，［］表示可省略，｜表示或的关系。

到的检索问题。需要注意的是,这几个部分在书写时顺序不能颠倒,不能改变。

5.4　数据库与数据表的创建

5.4.1　数据库的创建

我们可以通过界面上提供的按钮来进行数据库和数据表的各种操作,也可以直接使用 SQL 语句来实现这些操作。

我们找到界面下方那个不显眼的按钮 Console,如图 5-8 所示,点击它,就出现了可以输入命令的控制台。

图 5-8　按钮 Console

接下来,我们来尝试一下创建数据库,假设数据库名为 test1,对应建立数据库的语句就是"CREATE database test1",如图 5-9 所示。接着我们根据上方"Press Ctrl + Enter to execute query"的提示,按下 Ctrl + Enter 来执行查询。

注意:语句的结尾是英文分号。

```
■ Console                          Bookmarks  Options  History  Clear
Press Ctrl+Enter to execute query
>   CREATE database test1;
```

图 5-9　执行查询

命令执行成功后的界面如图 5-10 所示。

```
✔ MySQL returned an empty result set (i.e. zero rows). (Query took 0.0005 seconds.)

CREATE database test1

                                    [Edit inline] [ Edit ] [ Create PHP code ]
```

图 5-10　执行成功

相应地,数据库 test1 也出现在了界面左边的目录中,如图 5-11 所示。

图 5-11　目录更新

同样，我们在 SQL 窗口中也可以输入命令，如图 5-12 所示。

图 5-12　SQL 窗口进行操作

点击 Go 后，创建了相应的数据库 test2，如图 5-13 所示，但此时我们没有选择数据库的字符集。

图 5-13　创建数据库 test2

点击 Edit inline（在命令中编辑），可在查询框中编辑已有的命令。输入 USE test2，我们可以进入 test2 数据库，如图 5-14 所示。

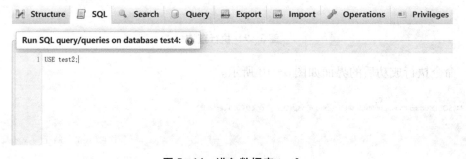

图 5-14　进入数据库 test2

成功进入数据库的查询界面，如图 5-15 所示。

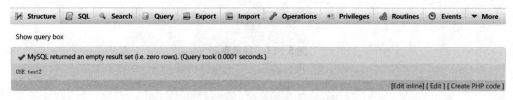

图 5-15　进入数据库的查询界面

我们可以继续点击 Edit inline，在现有数据库中创建数据表。

5.4.2　数据表的创建和删除

同样，我们可以使用 SQL 语句创建和删除数据表。我们以第五章创建的数据表 ts 为例，创建这样一张表，其 SQL 语句为：

```
CREATE TABLE `ts` (
    vol VARCHAR(20),
    author VARCHAR(50),
    title VARCHAR(255),
    poem TEXT
);
```

这个 SQL 语句创建了一个名为" ts" 的数据表，其中包含四个字段，分别是"vol" "author" "title" 和"poem" ，它们的数据类型分别为 varchar（20），varchar（50），varchar（255）和 text。

另外，我们还可以使用 SQL 语句删除这张表：

```
DROP TABLE ts;
```

这个 SQL 语句会删除名为 ts 的数据表及其所有数据。

5.5　数据的编辑

5.5.1　数据的插入

插入记录时，我们可以使用 insert into 语句：

```
INSERT INTO table_name VALUES(v1, v2,...);
```

其中 v1，v2，... 为对应的字段内容，可以为空。

完整语法如下：

```
INSERT INTO table_name (column1, column2, ...) VALUES (value1, value2, ...);
```

其中，

table_name 表示要插入记录的表名称。

（column1，column2,... ）表示可选部分，指定要插入的列名。如果省略，则假定将插入所有列。

VALUES（value1，value2,... ）表示指定要插入的值。值的顺序必须与列的顺序相匹配。

如果要插入多条记录，可以在 VALUES 子句中指定多个值集，如下所示：

```
INSERT INTO example (id, data) VALUES (1, 'Value 1'), (2, 'Value 2'), (3,
'Value 3');
```

这个命令将在 example 表中插入三条记录，分别为(1, 'Value 1')、(2, 'Value 2')
和(3, 'Value 3')。

我们在 ts 数据表的 SQL 窗口试试看如何具体使用。插入一条示范的记录，各字段
的内容姑且简单填写，如图 5-16 所示。

图 5-16　插入示范记录

点击 Go 后，显示已经成功插入一条记录，如图 5-17 所示。

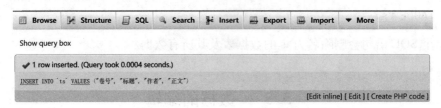

图 5-17　成功插入一条记录

进入 ts 数据表，可以观察到，如图 5-18 所示界面。

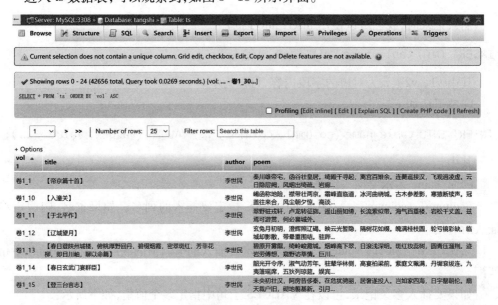

图 5-18　ts 数据表

点击"＞"按钮可跳转至表尾查看刚才插入的记录,如图 5－19 所示。

| << | < | 1707 ∨ | Number of rows: | 25 ∨ | Filter rows: | Search this table |

+ Options

vol	title	author	poem
卷900_17	【忆江南】	伊用昌	江南鼓,梭肚两头栾。钉著不知侵骨髓,打来只是没心肝。空腹被人谩。
卷900_18	【句】	伊用昌	暂游大庾,白鹤飞来谁共语? 岭畔人家,曾见寒梅几度花,春来春去,人在落花流水处。花满前蹊,藏尽神仙人不...
卷名	标题	作者	正文

图 5－19　查看插入的记录

5.5.2　数据的更新

Update 语句可以让我们成系统地用新值更新原有表中各列的数据。在这里,我们将使用 Update 语句来计算出每首诗的长度。进入 ts 数据表 Structure 界面,点击"Add 1 column(s) after poem"后面的 Go 运行,如图 5－20 所示。

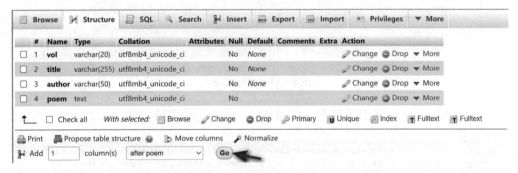

图 5－20　使用 Update 语句

接着进入设置字段的界面,我们依要求设置好字段(数据类型为 INT 整形时就不用改 Collation 字符集),如图 5－21 所示。

图 5－21　设置字段

点击 Save 保存好 len 字段,但是此时这个字段是没有值的,需要用到 SQL 语句来计算出诗歌的长度,如图 5－22 所示。

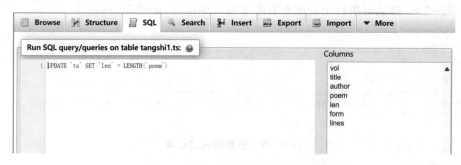

图 5-22　SQL 语句计算诗歌长度

运行成功后界面如图 5-23 所示。

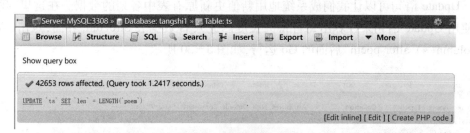

图 5-23　运行成功

我们回到 Browse 界面即可看到已增加的 len 字段，如图 5-24 所示。

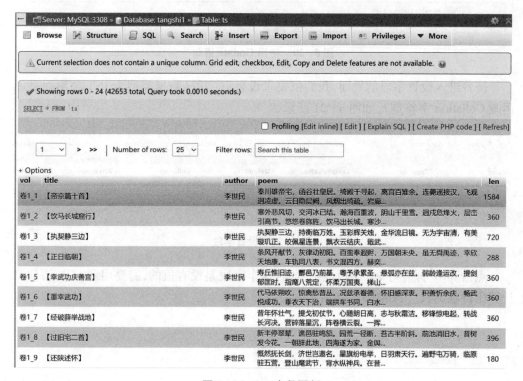

图 5-24　len 字段更新

但是细看诗歌的长度似乎有些"问题"：诗歌的长度似乎离奇地长，一首五言律诗长度竟然为 144，而这刚好是它原本字数的 3 倍，为什么呢？

卷 1_48	【伤辽东战亡】	李世民	凿门初奉律，仗战始临戎。振鳞方跃浪，骋翼正凌风。未展六奇术，先亏一篑功。防身岂乏智，殉命有余忠。	144
卷 1_49	【月晦】	李世民	晦魄移中律，凝暄起丽城。罩云朝盖上，穿露晓珠呈。笑树花分色，啼枝鸟合声。披襟欢眺望，极目畅春情。	144
卷 1_50	【秋日翠微宫】	李世民	秋日凝翠岭，凉吹肃离宫。荷疏一盖缺，树冷半帷空。侧阵移鸿影，圆花钉菊丛。摅怀俗尘外，高眺白云中。	144

图 5-25　len 字段"问题"重重

在这里我们先卖个关子：这涉及一个使用 Length 函数求串长的操作，我们在下文中介绍新知识的同时，将一并解决这个问题。

5.5.3　数据的删除

Delete 语句可以删除指定条件的记录，条件由 WHERE 语句指定。例如，如果我们想删除 ID 为 1 的数据，SQL 可以写为：

```
DELETE FROM `ts` WHERE ID = '1'
```

如果想删除李白的诗，可以写成：

```
DELETE FROM `ts` WHERE author = '李白'
```

删除记录的操作对于初学者来说，属于危险操作，最好在老师课堂指导下完成。

5.6　求串长

Length 函数语法形式为"LENGTH(str)"，求取的是字符串的字节数量，也就是 3 倍的汉字数量，具体原因将会在汉字编码一节展开。

我们用英文字符串来验证一下，如图 5-26 所示。

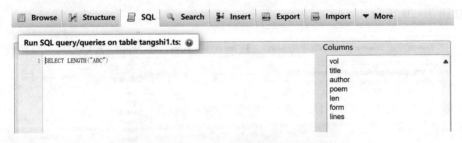

图 5-26　英文字符串的 Length

查询结果是 3 个英文字母字符串长度为 3，即每个英文字符长度为 1。

Showing rows 0 - 0 (1 total, Query took 0.0002 seconds.)

SELECT LENGTH("ABC")

☐ Profiling [Edit inline] [Edit] [Explain SQL] [Create PHP code] [Refresh]

☐ Show all | Number of rows: 25 ∨ Filter rows: Search this table

+ Options
LENGTH("ABC")
3

图 5-27 查询结果

我们接下来再试试中文字符串，如图 5-28 所示。

Showing rows 0 - 0 (1 total, Query took 0.0002 seconds.)

SELECT LENGTH("一二三")

☐ Profiling [Edit inline] [Edit] [Explain SQL] [Create PHP code] [Refresh]

☐ Show all | Number of rows: 25 ∨ Filter rows: Search this table

+ Options
LENGTH("一二三")
9

☐ Show all | Number of rows: 25 ∨ Filter rows: Search this table

图 5-28 中文字符串的 Length

3 个汉字的长度为 9，也就是说每个汉字的长度为 3；相应地，中文标点符号的长度也为 3，所以唐诗正文的长度是字符数的 3 倍。究其原因，在 MySQL 数据库的 UTF-8 字符集中，常用汉字占 3 个字节，罕用汉字占 4 个字节。我们在这里先做一个粗略的介绍，在后续章节会对字符集有更加详细的阐释。

如果要求取诗歌正文真正的长度，我们需要微调一下之前的查询语句——将 Length 函数求出的数值除以 3 以得到真正的正文长度。现学现用，我们来 Update 一下，如图 5-29 所示。

图 5-29 Update 得到正确长度

运行后，我们终于得到了诗歌正文长度的原貌，如图 5-30 所示。

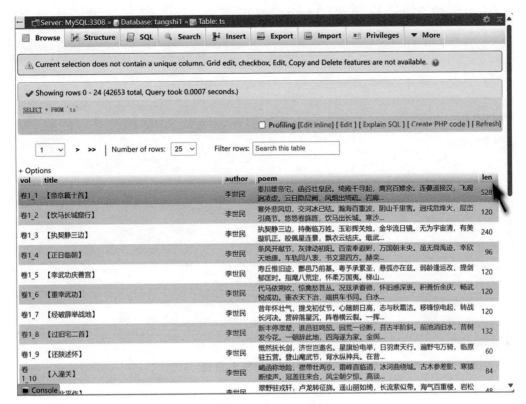

图 5-30　查询结果

当然，计算汉字字数时用总字节长度除以 3 只是一个比较初级的解决方案，后面我们遇到中英文混合的字符串时，可以有更高级的操作来求取字符数。

5.6.1　探寻诗歌为几言

Instr 函数可以帮助我们在一个长串中找到对应的子串，Locate 函数可以帮我们返回子串的位置，在这里我们就能试着解决"诗歌为几言诗"的问题了。我们可以沿用之前在 Access 里面使用过的简易方案，仍旧是寻找第一个逗号出现的前一个位置（在语句中请留心区分中英文逗号）。输入 SQL 语句如图 5-31 所示。

但我们刚刚只是进行了一次查询，如果我们想要把这个结果保存到表里面，就需要增加相应的字段。

我们回到 Structure 界面，在 len 字段后面增加一个字段，如图 5-32 所示。

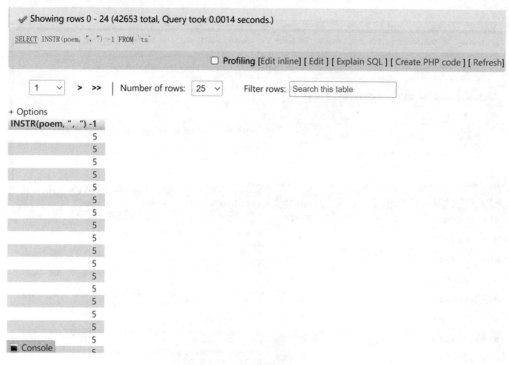

图 5-31　输入 SQL 语句

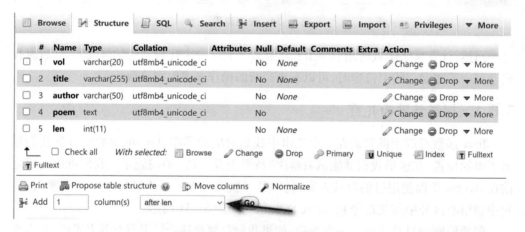

图 5-32　Structure 界面增加字段

我们不妨将它命名为 form，同样地，整形字段也不需要更改字符集，如图 5-33 所示。

图 5-33　命名 form 字段

再使用 UPDATE 语句,追加 form 字段,如图 5-34 所示。

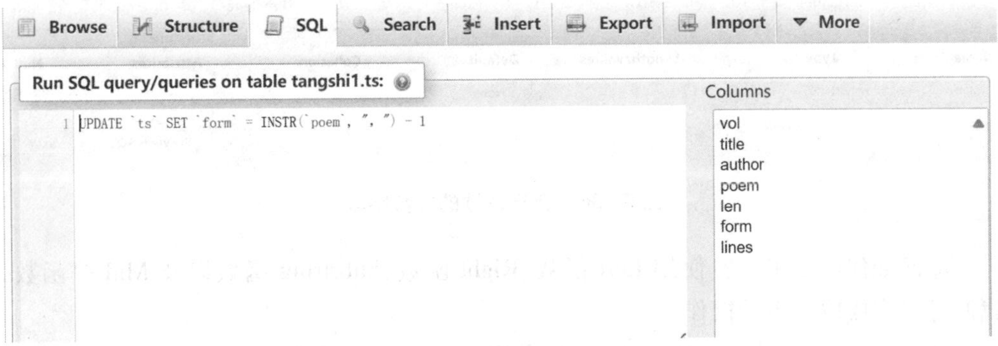

图 5-34 追加 form 字段

最终效果如图 5-35 所示。

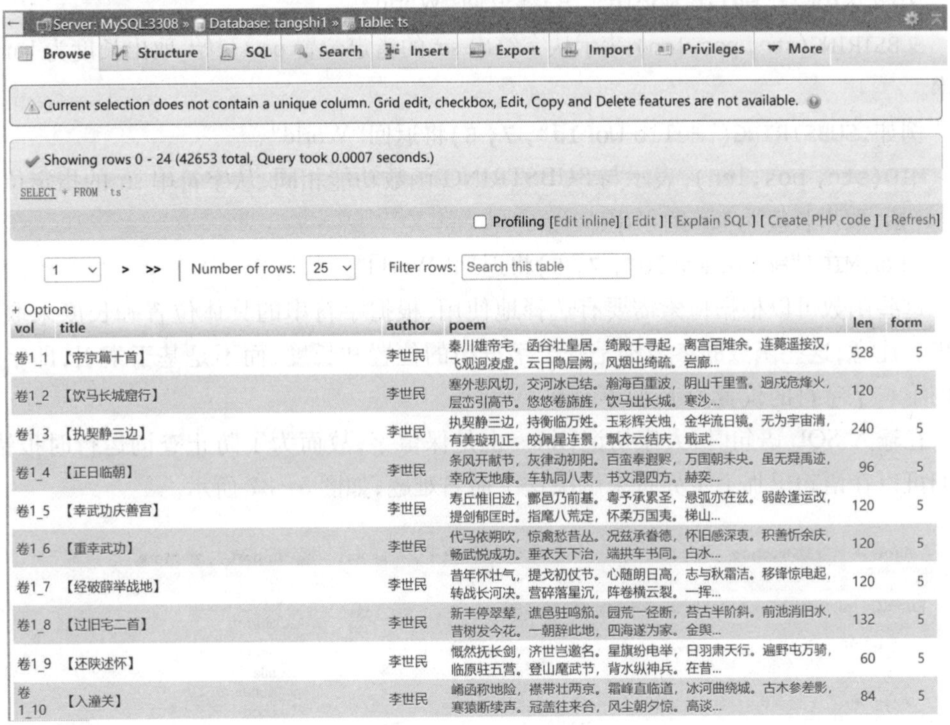

图 5-35 最终效果

5.6.2 探寻诗歌有几句

查找到数据表诗句中的第一个逗号出现的位置,也就得到了诗歌一段诗句的长度。我们用诗歌的长度除以诗句的长度就可以简略地计算出诗句的数量,也就是诗歌的行数。

新建一个对应的字段,我们不妨将这个字段命名为 lines,如图 5-36 所示。

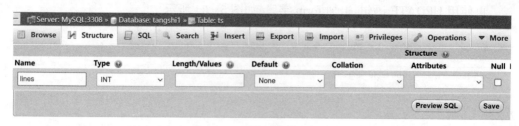

图 5-36　新建诗歌的行数字段

那该如何取子串呢？使用 Left 函数、Right 函数、Substring 函数以及 Mid 等函数，我们可以完成取子串的操作：

LEFT(str, n)：表示从字符串 str 的左侧开始，取出 n 个字符。

例如，LEFT("Hello World", 5)将返回"Hello"。

RIGHT(str, n)：表示从字符串 str 的右侧开始，取出 n 个字符。

例如，RIGHT("Hello World", 5)将返回"World"。

SUBSTRING(str, pos,len)：表示从字符串 str 的指定位置 pos 开始，取出长度为 len 的子串。

例如，SUBSTRING("Hello World", 7, 5)将返回"World"。

MID(str, pos,len)：表示与 SUBSTRING 函数功能相同，从字符串 str 的指定位置 pos 开始，取出长度为 len 的子串。

例如，MID("Hello World", 7, 5)将返回"World"。

这些函数可以根据检索需要有选择地使用，根据字符串的具体位置和长度来取出子串。注意，这些函数的参数都是基于字符串的位置和长度，而不是基于索引，即字符串的第一个字符的位置为 1，而不是 0。

在输入 SQL 语句时，大家切记，lines 也是保留字，故而为了防止查询运行时报错，我们可以在语句里加上定界符来解决这个命名难题，如图 5-37 所示。

图 5-37　输入 SQL 语句

运行一下，让我们看一看 Browse 界面的结果，如图 5-38 所示。

在运行后的界面中我们看到了报错，好像有几首诗结果出错，如图 5-39 所示。报错信息显示除 0 错误，也就是说分母存在为零的情况，在数学上不具有意义。还有的情况就是,分子与分母不一定能整除,如《行路难》第一句话长度就为 3 个字。如果要解决的话,就要涉及一些比较复杂的操作,例如可能需要写程序嵌套 if、else 语句等。

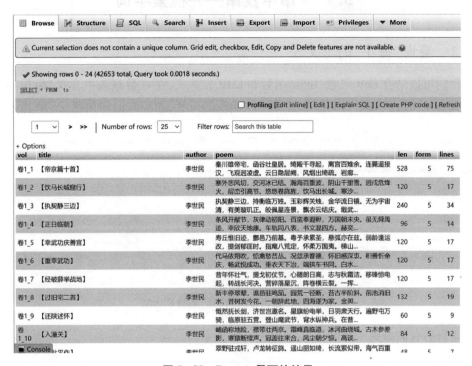

图 5-38　Browse 界面的结果

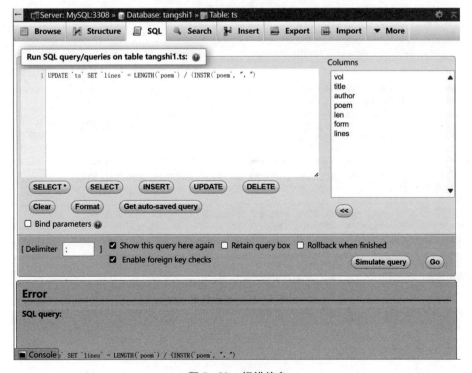

图 5-39　报错信息

5.7 串中找串——检索字词

5.7.1 查询"梅花"的上文

我们可以结合 Left 函数、InStr 函数和 Like 表达式，在 ts 数据表中含有"梅花"的诗歌正文中从左边截取至"梅花"二字第一次出现的位置，相应的语句如图 5-40 所示。

图 5-40 查询含有"梅花"的诗歌上文

运行后我们得到了查询结果，如图 5-41 所示。

Showing rows 0 - 24 (150 total, Query took 0.0042 seconds.)

SELECT LEFT(`poem`, INSTR(`poem`, "梅花")) FROM `ts` WHERE `poem` LIKE "%梅花%"

☐ Profiling [Edit inline] [Edit] [Explain SQL] [Create PHP code] [Refresh]

| 1 ∨ | > | >> | | ☐ Show all | Number of rows: | 25 ∨ | Filter rows: | Search this table |

+ Options

LEFT(`poem`, INSTR(`poem`, "梅花"))

三阳丽景早芳辰，四序佳园物候新。梅

珠帘高卷莫轻遮，往往相逢隔岁华。春气昨宵飘律管，东风今日放梅

当时我醉美人家，美人颜色娇如花。今日美人弃我去，青楼珠箔天之涯。天涯娟娟常娥月，三五二八盈又缺。翠眉…

团圆莫作波中月，洁白莫为枝上雪。月随波动碎潾潾，雪似梅

梅

塞北江南共一家，何须泪落怨黄沙。春酒半酣干日醉，庭前还有落梅

圣后乘干日，皇明御历辰。紫宫初启坐，苍璧正临春。雷雨垂膏泽，金钱赐下人。诏酺欢赏遍，交泰睹惟新。毗陵…

六幺水调家家唱，白雪梅

塞北梅

寂寂罢将迎，门无车马声。横琴答山水，披卷阅公卿。忽闻岁云晏，倚仗出檐楹。寒辞杨柳陌，春满凤凰城。梅

鸣笳出望苑，飞盖下芝田。水光浮落照，霞彩淡轻烟。柳色迎三月，梅

晨跻大庾岭，驿鞍驰复息。雾露昼未开，浩途不可测。嵘起华夷界，信为造化力。歇鞍问徒旅，乡关在西北。出门…

羌笛写龙声，长吟入夜清。关山孤月下，来向陇头鸣。逐吹梅

羌笛写龙声，长吟入夜清。关山孤月下，来向陇头鸣。逐吹梅

毗陵震泽九州通，士女欢娱万国同。伐鼓撞钟惊海上，新妆袨服照江东。梅

图 5-41 查询结果

5.7.2　查询"梅花"的下文

同样地，我们只需要将查询上文的语句稍微修改一下，使用 Right 函数，截取长度为总长度减去上文长度，即可实现查询下文，如图 5-42 和 5-43 所示。

图 5-42　查询含有"梅花"的诗歌下文

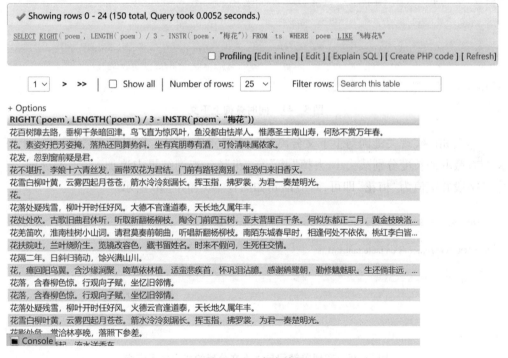

图 5-43　查询结果

当然，我们可以把两个字句放在一个语句中，同时查询上下文，如图 5-44 所示。

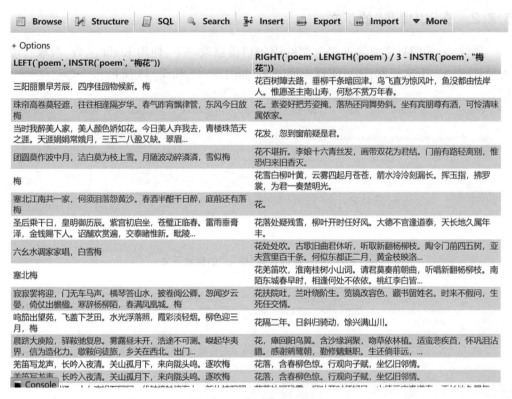

图5-44 同时查询上下文

那么如何实现关键词与上下文分离的居中显示查询呢？我们再来微调一下：上下文左右截取的长度分别减去1，去掉"梅"与"花"字，查询结果中追加一个"关键词"自定义字段并赋值为"梅花"即可，对应语句如图5-45和5-46所示。

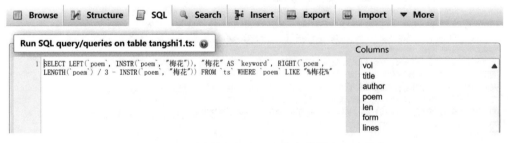

图5-45 实现关键词与上下文分离的居中显示查询

图 5-46　查询结果

5.8　词表数据库的操作

在处理词表等语料时,我们经常需要处理一些问题,比如"如何找到最高频的词""如何查询出重叠词"等。我们先导入相应的素材,之后建立数据表并进行相关操作。

5.8.1　导入词表

pku 是中文信息处理课程上常用的词表,内容为北京大学开发的近 5 万个词条的频率词表。新建 pku 数据表,如图 5-47 所示。

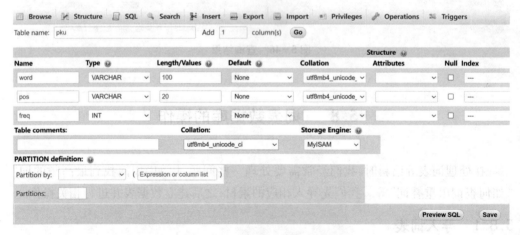

图 5-47 pku 数据表

我们分别依次设置好字段。字段的名称采用以下英语的简写/缩写：word 词语，part of speech 词性，frequency 频率。注意，除了设置各字段的字符集，整个数据表的字符集也要单独设置，如图 5-48 所示。

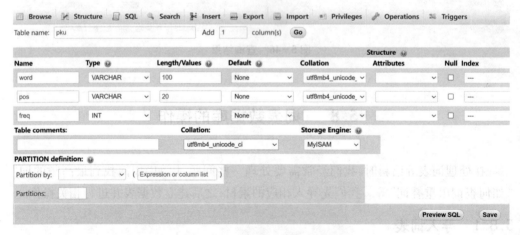

图 5-48 设置数据表的字符集

词表文件的导入及相关设置，如图 5-49 和 5-50 所示。

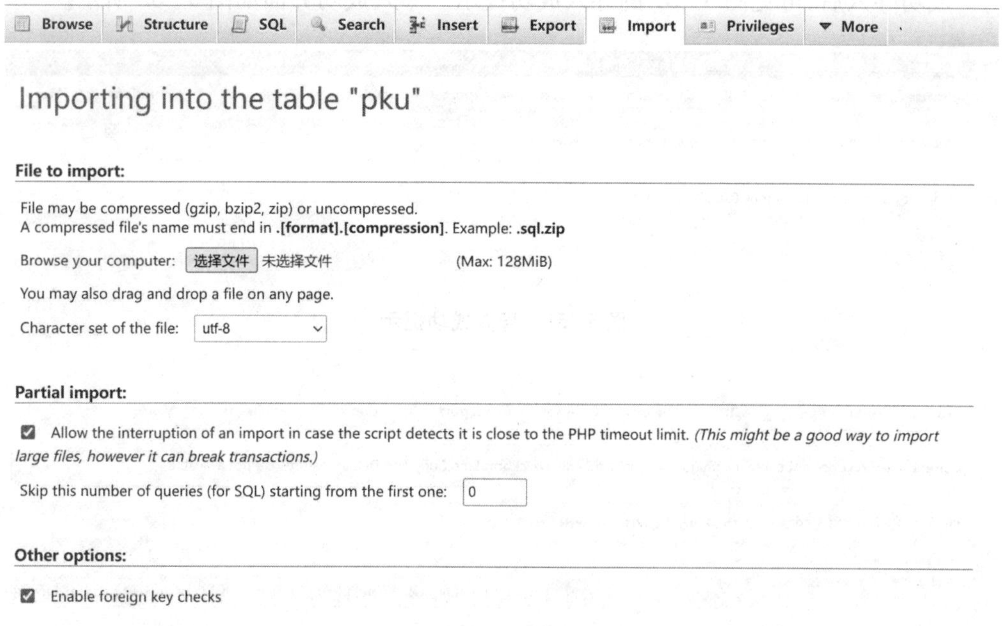

Browse	Structure	SQL	Search	Insert	Export	Import	Privileges	▼ More

Importing into the table "pku"

File to import:

File may be compressed (gzip, bzip2, zip) or uncompressed.
A compressed file's name must end in **.[format].[compression]**. Example: **.sql.zip**

Browse your computer: 选择文件 未选择文件 　　　　(Max: 128MiB)

You may also drag and drop a file on any page.

Character set of the file: [utf-8 ▾]

Partial import:

☑ Allow the interruption of an import in case the script detects it is close to the PHP timeout limit. *(This might be a good way to import large files, however it can break transactions.)*

Skip this number of queries (for SQL) starting from the first one: [0]

Other options:

☑ Enable foreign key checks

图 5 - 49　导入设置

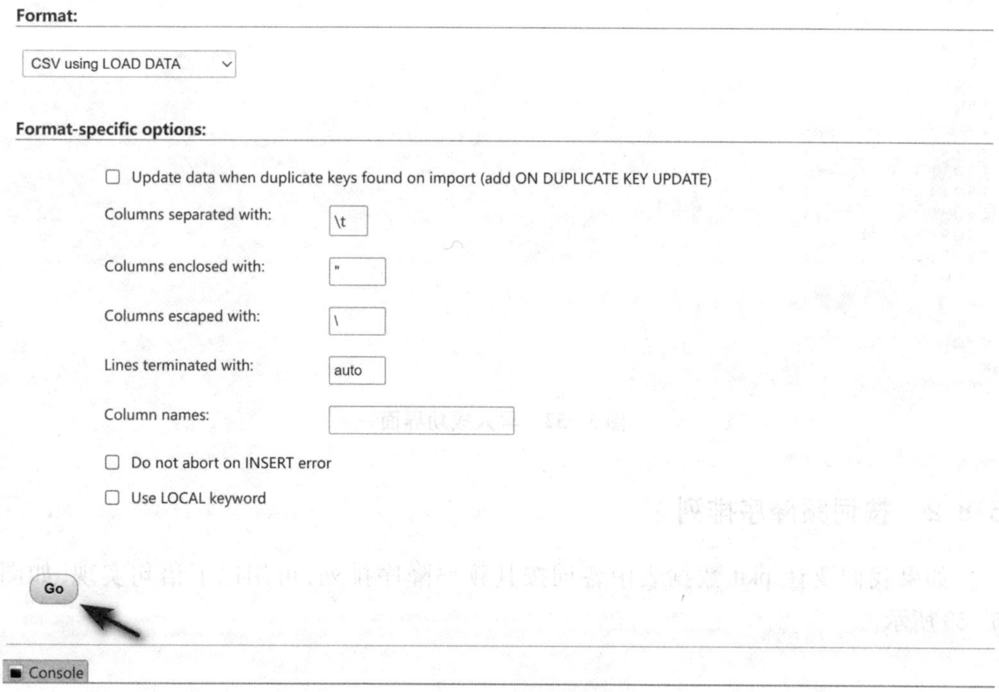

Format:

[CSV using LOAD DATA ▾]

Format-specific options:

☐ Update data when duplicate keys found on import (add ON DUPLICATE KEY UPDATE)

Columns separated with: [\t]

Columns enclosed with: ["]

Columns escaped with: [\ ]

Lines terminated with: [auto]

Column names: [ ]

☐ Do not abort on INSERT error

☐ Use LOCAL keyword

(Go)

■ Console

图 5 - 50　导入选择

成功导入后，可见图5-51的导入成功提示。导入成功界面如图5-52所示。

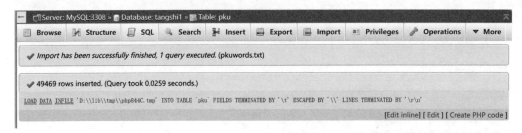

图5-51 导入成功提示

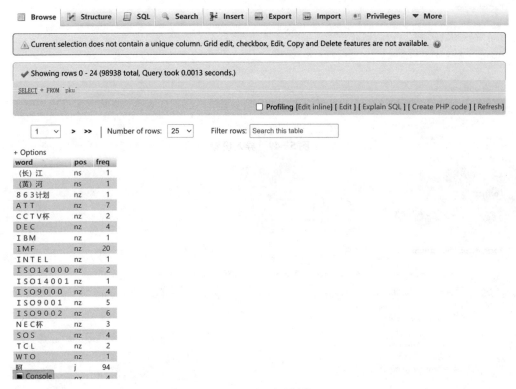

图5-52 导入成功界面

5.8.2 按词频降序排列

如果我们要让 pku 数据表中各词按其频率降序排列，可用以下语句实现，如图 5-53 所示。

图 5-53　按频率降序排列 SQL 语句

可以观察到,排列的结果大致符合齐夫定律。按频率降序排列查询结果如图5-54 所示。

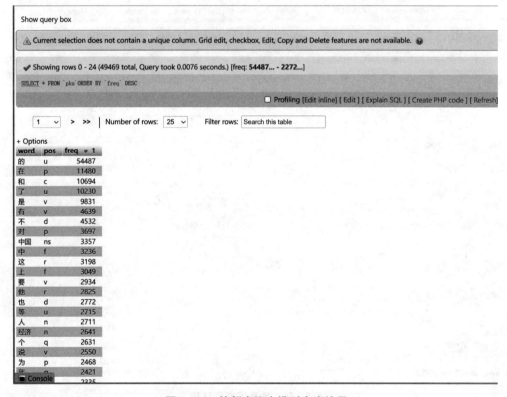

图 5-54　按频率降序排列查询结果

5.8.3　查找重叠词

如果我们要查找两个字的重叠词,就需要找出词长为两个字的词(注意:在 MySQL 里一个常见汉字的长度是3 个字节),还需要词的第1 个字与第2 个字相同(可 以使用 Left 函数与 Right 函数表达为左边第1 个字与右边第1 个字相同)。查找重叠词可通过 SQL 语句实现,如图 5-55 所示。

图 5-55　查找重叠词的 SQL 语句

运行结果如图 5-56 所示。

| Browse | Structure | SQL | Search | Insert | Export | Import | ▼ More |

✔ Showing rows 0 - 24 (670 total, Query took 0.0025 seconds.)

SELECT * FROM `pku` WHERE LEFT(`word`, 1) = RIGHT(`word`, 1) AND LENGTH(`word`) = 6

☐ Profiling [Edit inline] [Edit] [Explain SQL] [Create PHP code] [Refresh]

| 1 ∨ | > | >> | Number of rows: | 25 ∨ | Filter rows: | Search this table |

+ Options

word	pos	freq
啊啊	e	1
皑皑	z	3
霭霭	z	1
把把	v	1
爸爸	n	16
掰掰	v	1
白白	d	1
摆摆	v	1
般般	z	1
斑斑	z	3
帮帮	v	1
宝宝	n	1
抱抱	v	2
杯杯	q	1
本本	n	3
蹦蹦	v	1
伯伯	n	7

■ Console　　2

图 5-56　重叠词查询结果

　　学会了查找两个字的重叠词,我们查找 4 个字的重叠词就更容易了:词长为 12,第 1 个字与第 2 个字相同,第 3 个字与第 4 个字相同(除了使用 Left 函数或 Right 函数,Substring 函数定位子串也十分清晰,我们可以同时使用,也可以只使用其中一种方法)。查找 AABB 式词的 SQL 语句如图 5-57 所示。

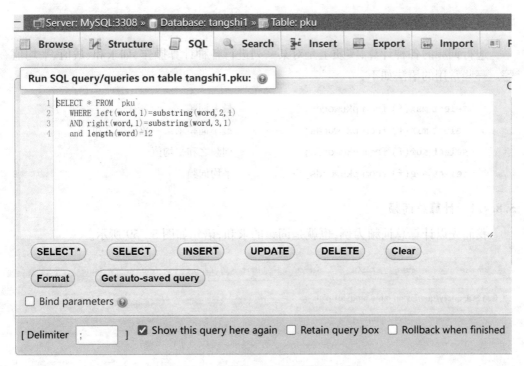

图 5-57 查找 AABB 式词的 SQL 语句

AABB 式词的查询结果如图 5-58 所示,有些词看上去是相同的,但是词性不同。

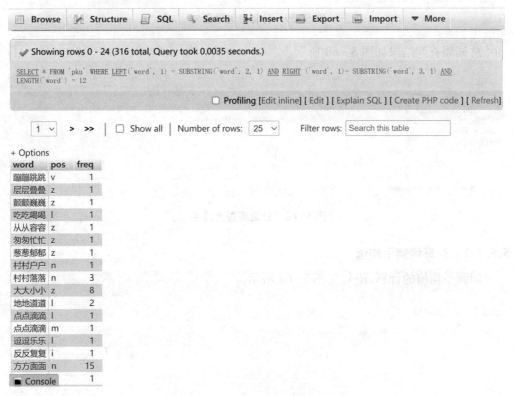

图 5-58 AABB 式词查询结果

5.8.4 词频的计算

进行词频的各种计算,实质上是对某一列进行各种计算操作,如求和、最值、平均值等。一些常用的语法如下：

select max(f) from pkuwords;	最大词频
select min(f) from pkuwords;	最小词频求某一数字列之和
select sum(f) from pkuwords;	词频之和平均值
select avg(f) from pkuwords;	平均词频

5.8.4.1 计算总词频

我们先以计算总词频为例,也就是词频的求和,语句如图 5-59 所示。

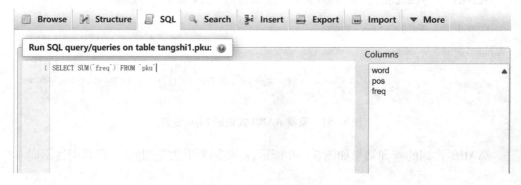

图 5-59 计算总词频语句

总词频查询结果如图 5-60 所示。

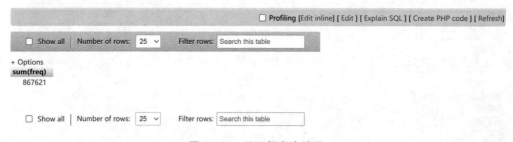

图 5-60 总词频查询结果

5.8.4.2 计算词频平均值

词频平均值的计算,语句如图 5-61 所示。

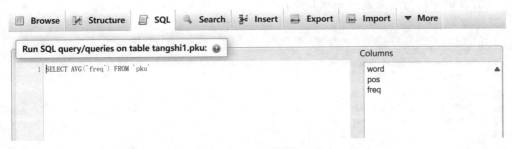

图 5-61　计算词频平均值语句

词频平均值结果如图 5-62 所示。

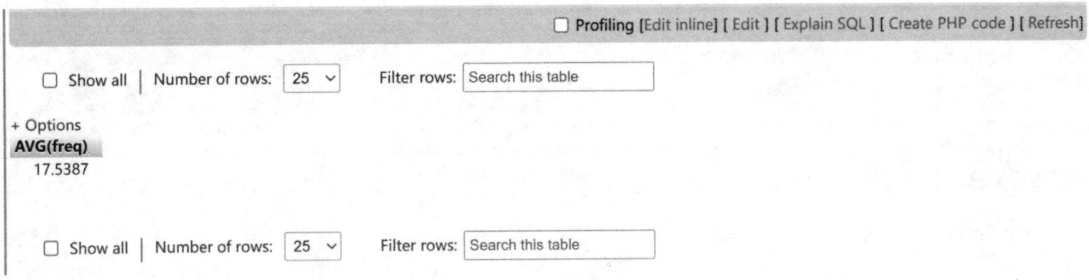

图 5-62　词频平均值查询结果

5.8.4.3　计算词类频率

如果我们想要计算各词类的词频,可以通过如图 5-63 所示语句实现。

图 5-63　计算各词类词频

计算词频运行结果如图 5-64 所示。

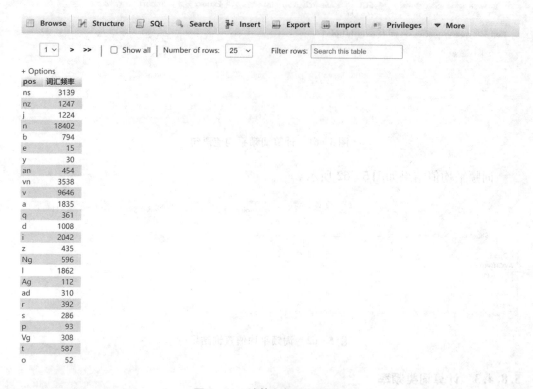

pos	词汇频率
ns	3139
nz	1247
j	1224
n	18402
b	794
e	15
y	30
an	454
vn	3538
v	9646
a	1835
q	361
d	1008
i	2042
z	435
Ng	596
l	1862
Ag	112
ad	310
r	392
s	286
p	93
Vg	308
t	587
o	52

图 5-64 计算词频运行结果

5.8.4.4 查找回文词句

回文诗也称"回环诗"，顾名思义，就是能够回环往复、正读倒读皆成章句的诗篇。同样，语言中也存在着回文词、回文句等现象，从左往右和从右往左读，得到的结果是一样的，如"上海自来水来自海上""面对面"等，它们是一种对称的字符串。接下来我们尝试使用 SQL 语句来查询词表中的回文词。

首先我们熟悉一下 Reverse 函数的用法，如图 5-65 所示。

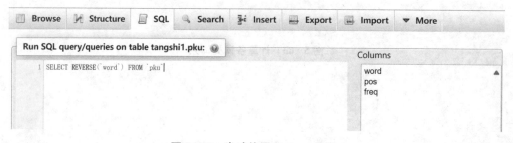

图 5-65 尝试使用 Reverse 函数

可以看到,输出的是字符串中字符倒序的结果,如图 5-66 所示。

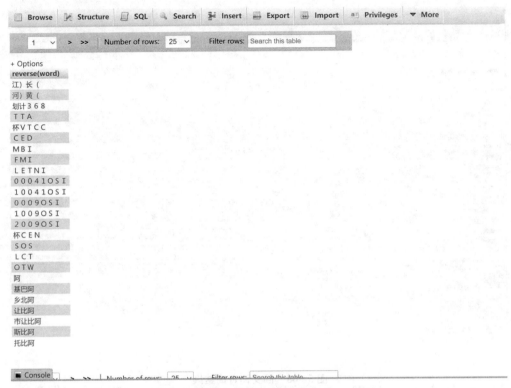

图 5-66　查询结果

我们查找回文词,只需要字符串及其倒序字符串相同,且排除单字词(词长为 3)以及重叠词即可,相应的语句如图 5-67 所示。

> 注意:"不等于"用"! ="表示。

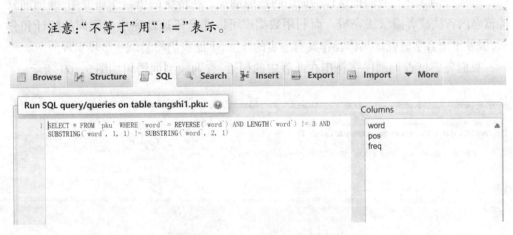

图 5-67　输入查找回文词的语句

回文词查询结果如图 5-68 所示。

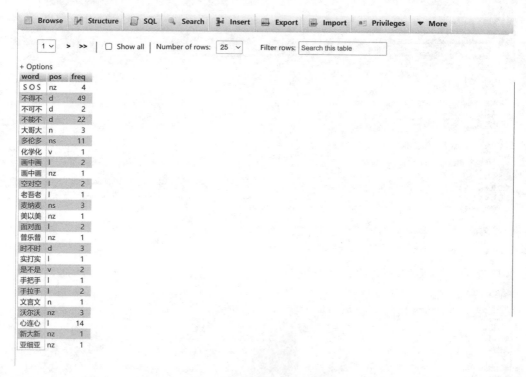

图 5-68 回文词查询结果

5.8.4.5 查找颠倒词

有的汉字组合起来,顺着读是词语,倒着读也是词语,像"牛奶—奶牛""蜂蜜—蜜蜂"(单字词、叠词除外),我们把这样的词语叫作颠倒词。在传统的语言学研究中,颠倒词只能依靠内省法或者摘录法完成。而利用数据库可以非常迅速地完成颠倒词的统计和分析,服务于语言学研究。具体操作具有一定的难度,下面我们将尝试一步步实现。

我们先尝试查询倒序字符串在此表中的词语,查询颠倒词语句如图 5-69 所示。

图 5-69 查询颠倒词语句

> 注意:IN 表示括号内的子句和外部命令嵌套/取交集,也就是两次简单查询结果的公共部分,表示主句字段在子句查询的结果中出现。

查询结果如图 5-70 所示。

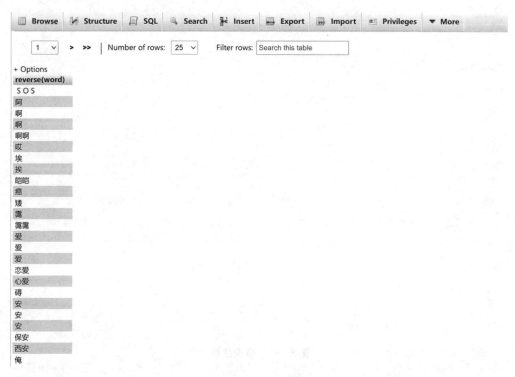

图 5-70　查询结果

我们想要进一步去掉单字词和重叠词,只保留颠倒词,就还要加一些限定性的条件,如图 5-71 所示。

> 注意:"不等于"也可以用" < > "表示。

图 5-71　加入限定条件

只保留颠倒词结果如图 5-72 所示。

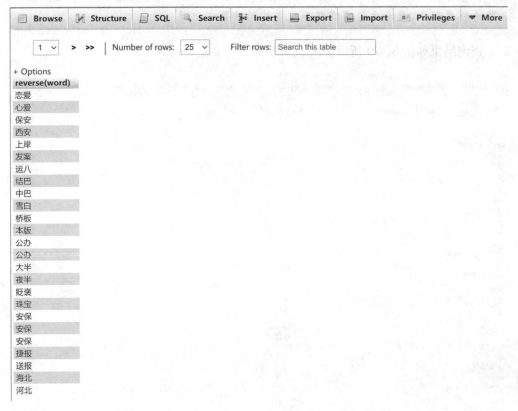

图 5-72　查询结果

其中有一些重复的词,它们形式相同但是词类不同,我们可以加入 distinct 把重复的去掉。去除重复词语句如图 5-73 所示。

图 5-73　去除重复词语句

去除结果如图 5-74 所示。不难发现,每对颠倒词共有两个,还可以进一步精简,每对中只保留一个词。这该如何实现呢? 这时可以使用比较操作符(如 < 、>)来比较颠倒后的字符串和原始字符串的大小。如果颠倒后的字符串小于原始字符串,那么可以选择保留颠倒后的字符串;如果颠倒后的字符串大于原始字符串,可以选择保留原始

图 5-74　查询结果

字符串。

这样做的原因是,字符串在比较大小时是按照字符的 ASCII 码进行比较的。对于颠倒后的字符串,其 ASCII 码的排序与原始字符串相反。因此,如果颠倒后的字符串小于原始字符串,说明颠倒后的字符串在字典序上更小,我们可以选择保留它;如果颠倒后的字符串大于原始字符串,说明颠倒后的字符串在字典序上更大,我们可以选择保留原始字符串。通过这种方式,我们可以在每对颠倒词中只保留一个词,而不需要保留两个词。优化语句如图 5-75 所示。

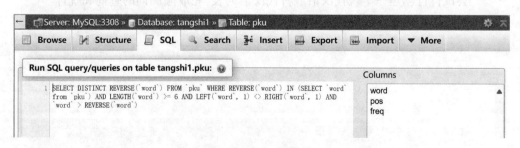

图 5-75　优化语句

可以看到,查询的记录数量是之前的 1/2,如图 5-76 所示。

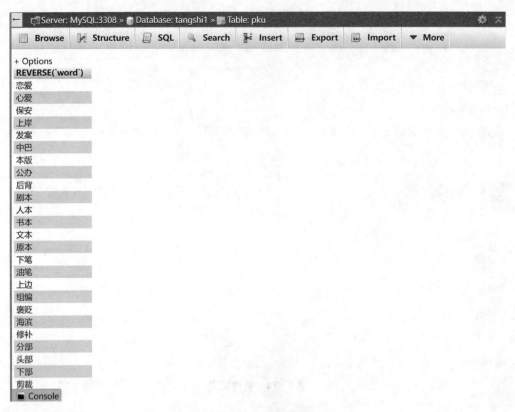

图 5-76 查询结果

本章作业

1. 基于《全唐诗》数据库，实现回文诗的查询和统计。
2. 尝试自行创建一个现代汉语或古代汉语词表，完成颠倒词的查询和统计。

第6章 静态网页制作

网站一般由多个不同的网页构成,网页的设计和制作是建设网站的基础。网页分为静态网页和动态网页。静态网页是内容较为固定的网页,如新闻页面、机构简介等。而动态网页一般是根据后台数据库动态生成的网页,如股票行情、订购机票、语料检索等。静态网页是动态网页的基础,本章依据循序渐进的原则,先介绍如何制作静态网页。

6.1 网页与 HTML

网页的起源与历史可以追溯到 20 世纪 60 年代末至 70 年代初,在计算机发明之后,计算机科学家和工程师们遇到了我们今天研究中同样的问题,那就是如何将已有的信息通过网络共享给别人,让任何人都可以随时随地查看。于是,在 1989 年,英国物理学家蒂姆·伯纳斯-李(Tim Berners-Lee)提出了一个名为"全球超文本项目"(World Wide Web)的计划,旨在建立一种能够在科学研究机构之间共享文档的系统。次年,他发布了第一个网页编辑器和浏览器,并开发了超文本标记语言(Hypertext Markup Language, HTML)作为网页描述语言。

当然,这是从计算机发展历程的角度对网页和网页描述语言的阐释,对于人文背景的同学来说难免有些晦涩。我们将从语言文字的角度出发探讨一下网页和网页描述语言。

在古代的汉语文本中,除了简单的句读之外,标点符号的使用几乎是没有的。后来,现代汉语逐渐引入了标点符号,并构建了一个较为完善的标点符号体系。这些标点符号的出现旨在解决纯文本阅读时所面临的障碍和歧义问题。它们本质上是通过一系列特殊符号,赋予原本由一串单纯汉字构成的文本特定的含义和语境。例如,句号标志着一个句子的结束,双引号用来引述内容,书名号用来标识书籍或文章的标题。读者在阅读时,可以通过这些标点符号迅速理解文本所表达的含义和情感。这种方式极大地提高了读者的阅读效率,同时也降低了阅读的难度,使得阅读变得更加流畅和轻松。这套标点也应用到了古籍文本的整理之中,带有标点的古文更易于阅读。

在计算机领域,我们可以借鉴标点符号功能的思路,设计一种方案,利用一系列符号插入纯文本中,来表示各种各样的格式。这样的设计使得我们能够创造出一种综合了文本、图片、视频等多种信息的文档,即超文本(Hypertext)。这种标记方案被称为超文本标记语言。超文本的出现不仅丰富了信息的表达方式,还使得信息之间的关联更为紧密,用户能够更加方便地获取和理解信息。这种创新改变了计算机信息处理的方式,也深刻地影响了互联网的发展和人们的日常生活。

6.2 HTML 页面的构建

在超文本标记语言中,通常使用一系列的标签来表示特定的含义,这些标签通常由一对尖括号和标签名表示,例如 < body >。这些标签有的独立存在,例如 < br >,有的成对出现,如 <p > </p >。

接下来,我们通过学习简单的 HTML 标签,来构建一个检索系统首页和检索结果页面。我们在 www 文件夹中新建一个文件夹 Chapter 6,用来存放本章涉及的代码。

6.2.1 检索系统首页

首先,我们构建一个检索系统的首页。我们使用 Emeditor 新建一个 html 文件,清空预先就有的文本,然后保存到 Chapter 6 文件夹中,文件名为 home. html。

然后在 home. html 中输入以下内容:

```
<!DOCTYPE html>
<html>
<head>
    <meta charset="UTF-8">
    <meta name="viewport" content="width=device-width, initial-scale=
1.0">
    <meta http-equiv="X-UA-Compatible" content="ie=edge">
    <title> 全唐诗检索系统 </title>
    <link type="text/css" rel="stylesheet" href="css/main.css"/>
    <script type="text/javascript" src="js/main.js"></script>
</head>
<body>
</body>
</html>
```

其中每行代码含义如下:

第 1 行: <!DOCTYPE html>
这行不是 HTML 标签,而是文档类型声明,用于告知浏览器这是网页。

第 2 行: <html>
这个标签标记了 HTML 文档的开始部分。该标签及其关闭标签(</html >)之间的所有内容都构成网页的内容。

第 3 行：<head>

这个标签表示 HTML 文档的头部。它通常包含一些对用户不可见但对文档有意义的信息，例如文档标题、字符编码和元信息。

第 4 行：<meta charset="UTF - 8">

这个标签定义了用于文档的字符编码。这里指定了 UTF-8，它是一种广泛使用的编码，支持来自不同语言的各种字符。

第 5 行：<meta name="viewport" content="width=device-width, initial-scale=1.0">

这个标签控制不同设备上的视口（viewport），确保网页能够适当地呈现。

第 6 行：<meta http-equiv="X-UA-Compatible" content="ie=edge">

这个标签专门用于适配 Internet Explorer（IE 浏览器）兼容性。

第 7 行：<title> 全唐诗检索系统 </title>

这个标签定义了网页的标题，它会显示在浏览器的标题栏中。这里设置为 " 全唐诗检索系统 "，可以根据需求将其替换为古籍数据库的名称。

第 8 行：<link type="text/css" rel="stylesheet" href="css/main.css"/>

这个标签将一个外部样式表链接到 HTML 文档。关于外部样式表会在本章第二节具体讲解。

第 9 行：<script type="text/javascript" src="js/main.js"> </script>

这个标签将一个外部 JavaScript 文件链接到 HTML 文档。

第 10 行：<body>

这个标签标记了 HTML 文档的主体部分，例如文本、标题、段落、图像、超链接、表单和其他元素。

第 11 行：</body>

这个标签表示主体部分的结束。

第 12 行：</html>

这个标签表示整个 HTML 文档的结束。

这段代码创建了一个基本的 HTML 结构，主体部分为空。接下来可以在 < body > 标签内添加古籍数据库的标题，说明文本、检索框等，从而构建一个完整的检索页面。

6.2.1.1　文本的相关标签

在检索系统的首页，首先我们要写一些标题和说明文本，需要用到标题标签和段落标签。

（1）标题标签

HTML 中的标题标签，从 < h1 > 到 < h6 >，共六个级别，用于定义网页中不同级别的标题。这些标题标签自带大号字体、加粗等样式，可以帮助用户快速了解网页内容。标题标签是一个成对标签，需要有开始标签和结束标签，例如 < h1 > < /h1 >。唐诗检索系统标题标签语句如下，显示结果如图 6-1 所示。

```
<h1 id="title"> 唐诗检索系统 </h1>
<h3> 作者:你的名字 </h3>
```

唐诗检索系统

作者：你的名字

图 6-1　检索系统的标题

（2）段落标签

段落标签是 HTML 中用来定义段落的标签。它可以将文本内容分割成不同的段落，每个段落之间会自动添加间距，使网页内容更加清晰易读。

段落标签是一个成对标签，需要有开始标签 < p > 和结束标签 < /p >。唐诗检索系统介绍的段落标签语句如下，显示结果如图 6-2 所示。

```
<p> 介绍:本系统是用于全唐诗检索的系统。 </p>
```

唐诗检索系统

作者：你的名字

介绍：本系统是用于全唐诗检索的系统。

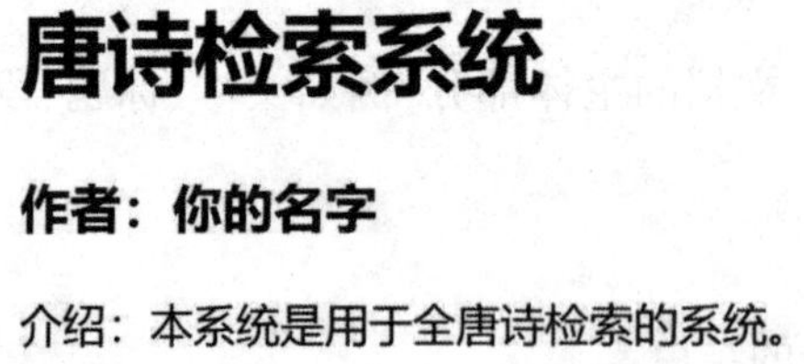

图 6-2　检索系统介绍

（3） < span > 标签

< span > 标签是 HTML 中一个作用于段内的元素，用于对文本进行样式控制。

< span > 标签是一个成对标签，需要有开始标签 < span > 和结束标签 < /span >。

（4） < a > 标签

< a > 标签是 HTML 中一个用来创建超链接的标签，可以将用户链接到其他网页、文件、邮箱地址或当前页面内的某个部分。

　　< a > 标签是成对标签,需要有开始标签 < a > 和结束标签 </a >,在开始标签中需要设置 href 属性来指定链接的目标。可以输入下面这一段语句,结果如图 6-3 所示。

<p> 介绍:本系统是用于全唐诗检索的系统。数据来源于 <a href="http://"> XX 网站 </a>。 </p>

唐诗检索系统

作者: 你的名字

介绍: 本系统是用于全唐诗检索的系统。数据来源于<u>XX网站</u>。

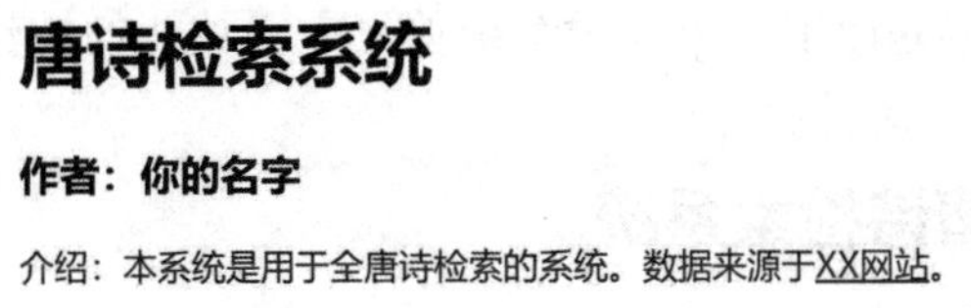

图 6-3　检索系统介绍

6.2.1.2　表单的相关标签

　　在简单地加上一些文本说明后,我们需要给检索系统加上最关键的部分,即用于提交检索关键词的表单、输入框和按钮。

　　(1) < form > 标签

　　< form > 标签用于定义 HTML 表单,表单可以用来收集输入的数据并提交给服务器。

　　< form > 标签是成对标签,需要有开始标签 < form > 和结束标签 </form >。< form > 标签有两个属性必须设置,分别是 action 属性和 method 属性。action 属性用于指定表单提交的目标地址,method 属性指定表单的提交方式,可以取值"GET"和"POST"。

```
<form action = "result.php" method = "GET">
</form>
```

　　此时,我们定义一个 form 表单,以 GET 方法将数据提交给 result.php,由它进行处理和检索。

　　(2) < input > 标签

　　< input > 标签是 HTML 中一个用于创建表单控件的标签,可以用来收集用户输入的数据,这些控件都必须包含在 < form > </form > 标签内。< input > 标签是一个单标签,不需要结束标签。

　　< input > 标签的 type 属性类型丰富,通过对 type 属性的设置,可以实现多种类型的控件。

　　(3) submit 提交按钮

　　我们在 form 表单内,可以加入一个用于输入检索词的文本输入框和用于提交的按钮。

```
<form action = "result.php" method = "GET">
    <p> 请输入需要检索的关键词：< /p >
    <input type = "text" name = "searchword" id = "input1">
    <input type = "submit" value = "检索" id = "but1">
</form>
```

至此，我们已经基本完成了一个检索系统首页主要功能的构建，如图 6‒4 所示。

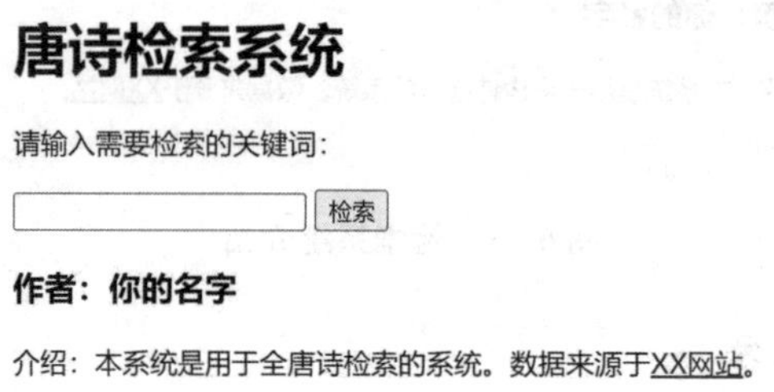

唐诗检索系统

请输入需要检索的关键词：

[   ] [检索]

作者：你的名字

介绍：本系统是用于全唐诗检索的系统。数据来源于XX网站。

图 6‒4　检索系统介绍

6.2.1.3　媒体资源的系列标签

为了让我们的首页更加美观，可以尝试加入一些媒体资源。

<img >标签：用于在网页中插入图像。

<img >标签是单标签，不需要结束标签。<img >标签必须设置 src 属性，指定图像的来源。src 可以是本地图片的路径，也可以是网络图片的网址。我们可以使用 <img >标签给检索系统添加一个 logo，logo 文件需要存放在 home. html 的同级文件夹下。

```
<img src = "logo.png" height = "100">
```

<video>标签：用于在网页中插入视频。

<video>是成对标签，需要有开始标签 <video >和结束标签 </video >。<video >标签必须设置 src 属性，指定视频的来源。src 可以是本地视频的路径，也可以是网络视频的网址。建议设置 controls 属性，显示视频播放控制栏，方便用户控制视频播放。我们可以使用 < video >标签给检索系统添加一个介绍视频，视频文件①需要存放在 home. html 的同级文件夹下。

```
<video src = "intro.mp4" height = "100" controls> </video>
```

6.2.2　检索结果页面构建

构建完检索系统之后，我们构建第二个页面，即检索结果页面。首先我们以同样的

---

① 此处要提供网络视频的真实网址或本地文件夹的地址，不是我们日常使用的 B 站或其他视频平台的播放地址。

方式新建一个 result. html,在其中写入和 home. html 初始部分一样的内容。然后,模仿检索系统首页的构建过程,加入一些标题说明等。

　　检索结果页面的重点在于检索结果的呈现。通常情况下,检索结果需要用表格来展示。在网页中,可以用表格标签创建表格。表格标签由以下四部分组成:

```
<table> :定义表格
<tr> :定义表格行
<td> :定义表格单元格
<th> :定义表格标题
```

　　具体使用如下:

```
<table>
    <tr>
        <th> 题目 </th>
        <th> 作者 </th>
        <th> 诗文 </th>
    </tr>
    <tr>
        <td> 静夜思 </td>
        <td> 李白 </td>
        <td> 床前明月光,疑是地上霜。举头望明月,低头思故乡。 </td>
    </tr>
    <tr>
        <td> 春晓 </td>
        <td> 孟浩然 </td>
        <td> 春眠不觉晓,处处闻啼鸟。夜来风雨声,花落知多少。 </td>
    </tr>
</table>
```

唐诗检索系统

题目	作者	诗文
静夜思	李白	床前明月光, 疑是地上霜。举头望明月, 低头思故乡。
春晓	孟浩然	春眠不觉晓, 处处闻啼鸟。夜来风雨声, 花落知多少。

作者: 你的名字

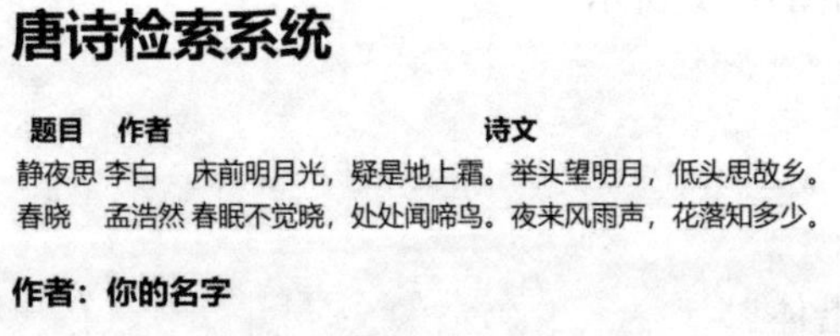

图 6-5　检索结果显示

　　检索结果如图 6-5 所示。至此,全唐诗检索页面的雏形就基本完成了。

6.3　HTML 样式

要修改 HTML 元素的样式,需要到另一种专门用于样式设定的标记语言 CSS。CSS 全称为"层叠样式表"(Cascading Style Sheets),是一种用于描述网页(HTML 或 XML)展示样式的标记语言。它的主要作用是控制网页的布局、样式和外观,使得网页具有更好的可读性和视觉效果。

我们目前构建的检索系统已经具备了基本的结构,接下来可以对文本等格式进行细微的调整和美化。在修改检索系统首页时,先在 home. html 的 < style > </style >标签内编写样式代码。

首先,修改页面整体布局,将页面的所有元素居中显示,语句如下,效果如图 6-6 所示。

```
body {
    display: flex;
    flex-direction: column;
    align-items: center;
}
```

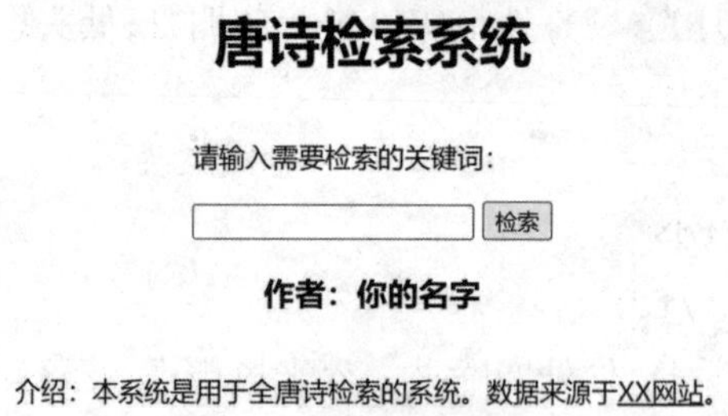

唐诗检索系统

请输入需要检索的关键词:

　　　　　　　 检索

作者: 你的名字

介绍: 本系统是用于全唐诗检索的系统。数据来源于XX网站。

图 6-6　检索系统呈现

然后,我们修改大标题的样式,将其字体颜色设置为棕色,字号 36 像素,楷体,居中对齐,语句如下,效果如图 6-7 所示。

```
#title {
    color: brown;
    font-size: 36px;
    font-family: "楷体";
    text-align: center;
}
```

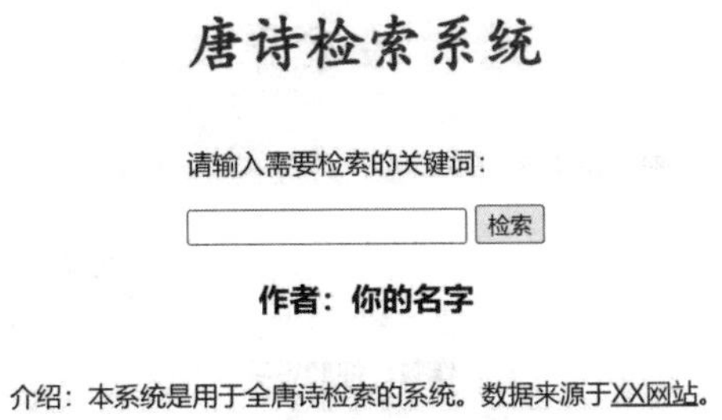

唐诗检索系统

请输入需要检索的关键词:

[_____] [检索]

作者：你的名字

介绍：本系统是用于全唐诗检索的系统。数据来源于XX网站。

图 6-7　设计字体后的检索系统

　　然后我们对输入框和按钮样式进行修改。将输入框改为宽 300 像素，高 30 像素，圆角 10 像素，灰色边框 1 像素宽，内边距 5 像素，字体 16 号，无外框，上下外边距各 10 像素。将按钮改为宽 80 像素，高 42 像素，圆角 10 像素，灰色边框 1 像素宽，内边距 5 像素，字体 18 号，上下外边距各 10 像素，鼠标指针为手型。效果如图 6-8 所示。

```
#input1 {
    width: 300px;
    height: 30px;
    border-radius: 10px;
    border: 1px solid #ccc;
    padding: 5px;
    font-size: 16px;
    outline: none;
    margin-top: 10px;
    margin-bottom: 10px;
}


#but1 {
    width: 80px;
    height: 42px;
    border-radius: 10px;
    border: 1px solid #ccc;
    padding: 5px;
    font-size: 18px;
    outline: none;
    margin-top: 10px;
    margin-bottom: 10px;
    cursor: pointer;
}
```

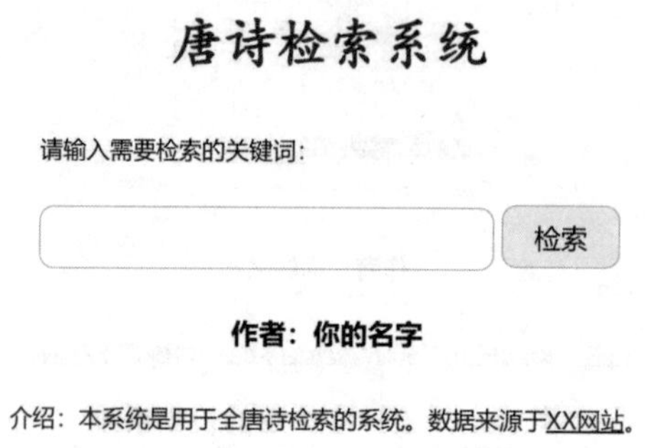

唐诗检索系统

请输入需要检索的关键词：

[   ] 检索

作者：你的名字

介绍：本系统是用于全唐诗检索的系统。数据来源于XX网站。

图 6-8　设计边框后的检索系统

至此，我们对检索系统首页完成了简单的美化。接下来我们对检索结果页面 result. html 做进一步美化。

检索结果页面的文本样式调整与前面相同，重点在于如何对表格进行美化。同样地，在 result. html 的 < style > </style >标签内编写样式代码。

检索结果页面 result. html 内与检索首页 home. html 相同的元素样式可以使用上一章节讲到的代码。

接下来，我们主要对表格的样式进行修改，这样检索结果就可以比较美观地呈现出来。

```
table{
    width: 80% ; /* 表格宽度 */
    border-collapse: collapse; /* 合并边框 */
    border: 1px solid #ddd; /* 表格边框 */
}

th{
    font-size: 18px; /* 标题行字体大小 */
    background-color: #eff3f5; /* 标题行背景颜色 */
}

td{
    padding: 8px; /* 单元格间距 */
}
```

运行结果如图 6-9 所示。

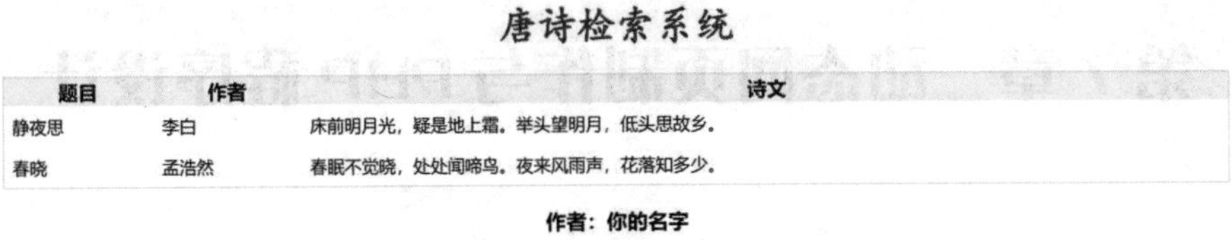

图 6-9　检索结果展示

至此,我们已经构建了一个比较完整的唐诗检索系统的静态网页,在下一章,我们将学习 PHP 技术,构建出能够进行检索的动态网页。

限于篇幅,本章只展示页面涉及的样式代码,对于更多的样式调整需求,可以去相关网站进一步学习。

本章作业

1. 根据本章所学内容,完成唐诗检索系统的检索框界面和检索结果界面。
2. 根据之前自行建设数据库的构想,设计面向自己所建数据库的检索框页面和检索结果页面。

第7章 动态网页制作与PHP程序设计

7.1 PHP基础

学习了HTML之后,我们已经可以通过HTML代码构建简单的网页。这种预先创建好的一个网页其内容在用户访问时不会发生变化,这种网页叫作静态网页。静态网页不能根据访问者的不同需求而变化,并不能更好地满足古籍研究与分析的需求。那么,如何根据不同的访问需求,动态地生成网页呢?这就需要使用PHP编程语言。

PHP全称为Hypertext Preprocessor,即超文本预处理器。顾名思义,超文本预处理器就是对上一节学习到的HTML超文本进行提前生成修改的编程语言。它的作用是根据设定的规则或用户的需求动态地生成HTML,最终呈现给用户,让用户看到想要看到的内容。

PHP语言是我们本书学习的第一门计算机编程语言。不同于之前学习的结构化查询语言SQL,PHP是编程性质的语言。那么什么是编程呢?编程这个词来自英语中的program,我们不妨从program这个词来理解一下。英语词program来自希腊语programma,由pro(往前)+gramma(写、画)构成,它的意思就是把事物通过某种方式表现出来。后来,这个词的词义逐渐缩小,用来表示列出完成一件事情的具体步骤。

在计算机出现之前,预先把做事的具体步骤列出来,只是一个可有可无的、非必须的过程。但是,计算机这个可以按照人类要求进行运算和处理数据的机器出现后,这一项原本不起眼的事情在智能时代摇身一变,成为人人都在追捧的宠儿。计算机强大的运算能力赋予program新的生机,也让program这个词具有了新的含义——编写程序,列出需要计算机进行的步骤,让计算机代码解决特定问题,这就是编程的真正含义。

编程是一种给计算机指令的行为,那么告诉计算机的方式,也就是信息交流的过程,就需要语言的帮助,于是,计算机编程语言就诞生了。本章节所要学习的PHP语言就是其中一种。PHP被称为最简单的编程语言,所以PHP的学习过程不会像其他的计算机编程语言一样艰难。结合本书以人文视角学习编程的思路,我们能很轻松地掌握PHP语言与编程。

PHP作为一门计算机编程语言,本质上是一门人工语言,是一种基于英语这门自然语言设计出的人工语言,它同样具有自然语言的一些特点,同样遵守自然语言的一些理论。

从语言学的角度来看,语言是作为人类最重要的交际工具和必不可少的思维工具来使用的一套音义结合的符号系统。一门自然语言包括词汇、语音、语法三个方面。

（1）PHP 这门编程语言绝大部分的词汇材料来自英语这门自然语言，这也是导致我们汉语母语者学习有困难的因素之一。

（2）PHP 几乎不用于人类社会中人与人之间的信息传播与交换，所以，这些词汇材料虽然取自英语，但不具备大部分的自然语言所具有的特点。

（3）从语法的角度来看，虽然 PHP 语言大部分的词汇材料取自英语，但这些词汇材料不存在丰富的词形变化。PHP 语言不依赖词汇的形态变化来表示语法意义，而是通过语法词、缩进、特殊符号等其他语法手段表示语法意义。

其中，语法词，也就是虚词，其词形直接取自英语，其词义也与英语中的基本一致。但需要注意的是，编程语言中的虚词，指的是起语法作用并表示特定语法意义的词，这里的语法意义包括某些具体的操作。例如，在 PHP 中，and 表示"并且"，or 表示"或者"。

缩进，即将代码行向右缩进一定字符，是用来表达上下级关系的语法手段。

我们只要掌握了 PHP 的词汇和语法，就能运用自如。

7.2　变　量

组成大千世界的要素有三种：事物与概念、动作与行为、性质与状态，分别由名词、动词、形容词来指称，这三种词类构成主体词系统。

在自然语言中，通过这三种词类，可以将大部分事物描写清楚。在编程语言中，我们同样需要用不同的词类把我们所要做的事物描述出来。那怎样才能描述呢？

自然语言主要用于人的交流，除了名词、动词、形容词三种基本词类，还可以有副词、代词、介词等其他词类作为辅助。这些丰富的词类可以帮助人们更好地进行表达和交流，提高人们信息交换的效率，推动社会的进步。

但计算机语言不同。要让计算机快速高效地处理人们的想法和需求，就需要将这些需求尽可能地简单化。也就是说，为了使计算机可以更好地处理，我们需要把世间万物用尽可能少的类型的词汇表达出来。所用的类型越少，计算机同样的处理逻辑所适应的处理对象范围越广，处理起来就越高效。

在计算机编程语言中，这些用于表示具体内容的词叫变量。那 PHP 中究竟用哪些词类来抽象地表示万物呢？

7.2.1　数值

计算机本质上还是对数字的处理，因此，PHP 中有专门表示数字的类型，即整数和浮点数。整数用于表示数学中的整数，例如 0,1,2,3 等，浮点数用于表示数学中的小数，如 0.5,2.8 等。整数与浮点数并不需要特殊的符号括起来，直接写即可。

在 PHP 中，常见的几种数值的运算符与数学符号大致相同，如表 7-1 所示。

表7-1 运算符号介绍

运算	符号
加法	+
减法	−
乘法	*
除法	/
取商	//
取余	%

7.2.2 字符串

在古籍处理中，最需要表示的内容就是文本。在 PHP 中，用于表示这类文本的变量类型是字符串，英文称作 string。顾名思义，字符串就是将一个个字符连成串构成的一个整体。在 PHP 中，字符串可以用成对的英文双引号或英文单引号括住来表示。例如，我们在一个空白的网页中输出一句话：Hello, world!，输出结果如图 7-1 所示。

```php
<?php
    echo "Hello, world!";
?>
```

Hello, world!

图7-1 输出结果

这段代码中，有三点需要学习。

第一，PHP 是嵌入 HTML 中的编程语言，通俗地讲，就是 PHP 会在 HTML 文件中替换掉需要动态生成的部分，从而在运行后输出具体的 HTML 标签。因此，PHP 在形式上也是符合 HTML 的特征的，前后需要加上特定的标签，通常为 <?php 和 ?>。

第二，在 PHP 中，将某个变量输出到页面上，用的是语法词 echo。echo 这个单词在英语中意思为"回声"或"回响"，在计算机领域常用于表示将信息回显到用户界面或输出设备上，相当于打印功能。

第三，每一段代码的末尾必须有一个英文的分号表示本行代码结束，否则代码就会报错。

> 为了代码的规范性，在 echo 和变量之间，尽量输入一个空格。

将英文的分号作为代码结尾也是多种编程语言的特点，切记每行代码结尾必须加上一个英文的分号，如图 7-2 所示。如果在运行中报错名称为 Parse error（句法分析错误），这意味着在第 3 行之前没有加上结尾的分号。

```
1  <?php↓
2      echo "Hello,world!"↓
3      echo "I love php";↓
4  ?>↓
```

图 7-2　输入编程语句

运行结果报错,如图 7-3 所示。

⚠ Parse error: syntax error, unexpected 'echo' (T_ECHO), expecting ',' or ':' in C:\wamp64\www\qts\tip.php on line 3

图 7-3　运行结果报错

重新加入分号,如图 7-4 所示。

```
1  <?php↓
2      echo "Hello,world!";↓
3      echo "I love php";↓
4  ?>↓
```

图 7-4　修改编程语句

成功运行代码,如图 7-5 所示。

Hello, world!I love php

图 7-5　运行结果显示

7.2.3　赋值

在古籍网站的构建中,我们通常需要对一个字符串做多次处理,如果每次处理都重新写一遍会大大降低效率,有没有办法能像在 SQL 中的 as 语句一样,给我们的字符串一个具体的名字呢? 答案是可以的。这个过程的形式如下:

`$str1 = "静夜思";`

这个过程就是将字符串"静夜思"作为一个变量,变量命名为 str1,等号表示将右边的具体内容赋给 str1,从此变量 str1 就等同这个字符串。其中符号 $ 是 PHP 中的一个语法词,用于表示变量名。

> 为了保证代码的整洁与美观,建议在等号左右两边各写一个空格。

为了验证我们赋值变量是否成功,我们可以用上一节学习的 echo 语句,将这个变量输出。

```
echo $str1;
```

静夜思

图 7-6 输出结果显示

在浏览器中刷新页面可以看到，代码成功输出了我们事先定义好的字符串，如图 7-6 所示。

那么，PHP 中的字符串除了我们学到的定义和输出外，还有什么其他的操作方式呢？字符串的处理是我们古籍数据库建设与分析的重要内容，涉及部分较为复杂，而且汉语的字符串还涉及汉字编码的问题，本书第八章将专门进行探讨。

7.2.4 数组

在古籍的处理中，不仅需要以字符串的形式对古籍进行处理，还需要对古籍一系列内容统一处理。这时候就需要将一个个字符串排队，共同构成一种组合，即数组。数组，字面意义是指数字构成的组合，但实际数组内还可以放各种类型的变量，包括字符串，甚至是数组本身等，以及一些其他的变量。数组的基本形式是将成组的元素一个个放到 array( ) 的括号里面，每个元素用英文逗号隔开。例如，我们将《静夜思》的每一句作为一个字符串，形成一个数组，命名为 poem，并将该数组输出，语句如下，结果见图 7-7。

```
$poem = array ("床前明月光,", "疑是地上霜。", "举头望明月,", "低头思故乡。");
```

Array ([0] => 床前明月光, [1] => 疑是地上霜。 [2] => 举头望明月, [3] => 低头思故乡。)

图 7-7 数 组

数组的输出与字符串的输出类型不同，数组的输出用的是 print_r( ) 函数。该函数的定义会在下一节重点展开讲，在此处可以先暂时将其理解为一个功能模块。

观察输出的结果，可以发现，在输出结果中，每一个值前面都有一个序号和一个类似于箭头的符号 => ，这个序号就是数值的 key，中文叫"键"，=> 表示键和值的联系。什么是键呢？我们可以从身份证号的角度来考虑。为了区分社会中每一个不同的人，每个人出生下来就会有一个编号，即身份证号，这个身份证号是唯一的，是不会重复的，是与人一一绑定的。在 PHP 的数组中，为了更好地读取和写入，计算机会给每一个具体的值分配一个唯一的编号，这个编号就是 key。因为这个 key 与数组中的元素 value 是一一对应的，所以我们可以通过 key 来读取或修改元素。例如：

```
echo  $poem[0];
 $poem[0] = "无";
echo  $poem[0];
```

床前明月光，无

图7-8   输出结果

> 在计算机中，表示序号通常是从 0 开始而不是从 1 开始，这点与我们日常生活的排序方式是不同的。第 1 个元素的键或者序号是 0，第二个元素的键或者序号是 1。
>
> key 又可以称作键名，value 可以称作键值。

在 PHP 的数组中，默认的 key 是数字构成的序号，例如 0，1，2，3，4 等。除了默认的形式，我们还可以人为地指定每个元素的"身份证号"。我们可以给一本古籍的元信息建议一个自定义键的数组，以《史记》为例：

```
$shiji = array("author" =>"司马迁", "dynasty" =>"西汉", "chars_len" =>
526500);
```

我们通过这样的一个数组记录了《史记》这本书的基本信息，包括书的作者、撰写朝代、字数。这种数组形式可以更好地记录数组内每个值的含义，提高数组的使用效率。

> 在指定数组键名时，请使用英文，并避免使用空格或连字符，可以使用下划线代替，例如《史记》数组的 chars_len。

另外，既然我们能用这种自定义键名的数组记录一本书的信息，那我们是否可以建立多个这样的数组记录不同的书，并将每一本书的数组作为单个元素，构成一个更大的数组呢？这是可以的，例如，我们可以给四大名著构建一个数组：

```
$fourclassic = array(
                "hongloumeng" => array("author" => "曹雪芹",
"publish" => "1791 年", "chars_len" => 800000),
                "xiyouji" => array("author" => "吴承恩", "publish"
=> "1592 年", "chars_len" => 800000),
                "shuihuzhuan" => array("author" => "施耐庵",
"publish" =>"1594 年", "chars_len" => 800000),
```

```
                    "sanguoyanyi" => array ("author" => "罗贯中",
"publish" =>"1522 年", "chars_len" => 800000)
            );
```

在四大名著 $fourclassic 这个数组中,每一个元素是一本书,每一个元素的键名是书的名字,每一个元素的键值是记录了该书元信息的数组。$fourclassic 其实就是一个数组内嵌套数组的结构,换句话说,就是二维数组。以此类推,我们还可以进一步扩展丰富,构建多维数组。由于本书篇幅有限并且多维数组并不常用,此处不再展开讲解。

7.2.5 布尔类型

以上的几种变量基本上可以表示我们古籍处理领域的大部分客观对象,但古籍处理不仅由对象构成,还由状态构成。最常见的就是真和假,称作布尔类型(Bool)。真假这两种状态是抽象出来用于描述是否符合某种条件的情况。当我们说某个条件是"真"时,意味着这个条件是成立的,符合我们所描述的情况或规则。举个例子,如果我们说"天气晴朗",那么在实际情况下,如果天空没有云彩,阳光明媚,人们可以看到蓝天,这个条件就是真的。相反,当我们说某个条件是"假"时,意味着这个条件不成立,不符合我们所描述的情况或规则。继续以上的例子,如果我们说"天气下雨",但实际情况是天空晴朗,没有雨水,那么这个条件就是假的。

在计算机编程中,我们经常需要对某些条件进行判断,以便在程序中采取不同的行动。比如,如果我们正在编写一个天气应用程序,我们可能会编写代码来检查当前天气是否晴朗。如果是晴朗的,我们就可以显示"天气晴朗"的信息;如果不是,我们可能会显示其他信息,比如"天气多云"或"天气下雨"。在这种情况下,我们将"天气晴朗"描述为"真",而其他条件描述为"假"。

布尔值就是用来表示这种真假条件的一种数据类型。在 PHP 语言中,布尔值通常用 true(真)和 false(假)来表示。

> 布尔值在输出到页面中时,并不会以 true 和 false 这两个单词出现,而会以数字 1,0 作为代替。1 表示真值 true,0 表示假值 false。

PHP 中的布尔值运算符与 SQL 中并不相同,在 PHP 中,表示"而且"的是符号"&&",表示"或"的是符号"||"。例如:

```php
<?php
  echo true && false;
  echo true || false;
?>
```

布尔值的运算属于数学的范畴,本书只根据具体案例涉及简单的逻辑判断,有兴趣的同学可以进一步学习数理逻辑中的相关内容。

7.3　函　数

7.3.1　函数的概念

我们在上节课学到的变量可以表示古籍处理中的大部分内容,但仅仅对内容进行表示是远远不够的,并不能满足古籍研究的需求。我们需要对这些内容进行更深层次的处理,这就需要一系列功能模块来实现。换句话说,我们需要一些功能模块来对变量进行处理,这些功能模块就是所谓的 function。function 对应的中文为"函数",它们在古籍处理中扮演着至关重要的角色。

函数的作用主要是输入一些参数,然后执行一定的操作或过程,最后输出一定的结果。需要注意的是,函数的输入和输出都是可选的,有时候我们可能只需要执行一些步骤而不需要任何输入或输出,有时候我们可能只需要输出结果而不需要进行其他操作。因此,函数可以根据需求灵活设计和使用,以满足各种不同的处理需求。函数基本结构如图 7-9 所示。

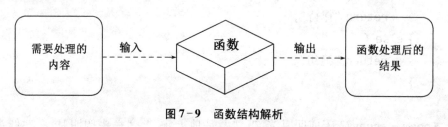

图 7-9　函数结构解析

> 这里的输出是指函数这个模块计算最终的结果返回给程序,并不是指输出到页面。

7.3.2　函数的基本形式

函数的基本形式是"函数名( )",接下来我们以一些例子结合上节课学习到的变量类型来尝试一下 count 函数。

count 函数的作用是输入一个数组,返回这个数组的长度,即数组内的元素个数。在上面的示例中,为了后面更好地运用这个长度,我们将这个函数结果命名为一个变量,即 $len。

```
$len = count($arr);
echo $len;
4
```

7.3.3 自定义函数

函数就是一个功能模块,能够执行预先设定的步骤,对输入的内容进行处理。函数本质上是一个可以重复利用的代码片段。我们可以通过古代书籍印刷的过程来更加深入地理解函数存在的意义。

古代在印刷术刚刚出现的时候,人们将书的内容刻在石板或木板上,沾上油墨,印到纸上。在印刷同一本书时,所用到的母版是不需要改变的,并不会因为需要再印一次而再刻一次母版,而是可以将该书的所有母版保存起来,每次需要印刷这本书,就可以直接拿来重复使用。

例如,以下是一个可以进行简单判断诗歌类型的函数,输入一个诗歌数组,就可以输出类型 $poem_type。这个函数中涉及的判断结构等会在本书后续学习,此例仅用于理解函数功能,不必深入函数内部理解每一行代码的含义。

```php
<?php
    function getPoemType($arr) {
        if (count($arr) > 4) {
            return "律诗";
        } else {
            return "绝句";
        }
    }
    $poem = array("床前明月光,", "疑是地上霜。", "举头望明月,", "低头思故乡。");
$poem_type = getPoemType($poem);
?>
```

在编写代码的过程中,如果有一些需要重复使用的部分,我们可以将这个部分单独包装成一个模块,作为我们自己的函数来使用。

7.4　判断与循环

我们通过对变量的掌握,学会了表示古籍处理的内容,并通过对函数的学习,掌握了对内容的操作。但这些操作只能用于简单的工作,不能满足复杂的需求。在我们的研究之中,步骤往往不是按部就班一步步程式化进行的,需要根据内容做出判断,面对不同的问题采取不同的解决思路。另外,还需要针对一些重复性的问题进行不完全重复的处理。因此,还需要在程序中加入判断和循环处理的过程,这就是 PHP 语言的判断结构和循环结构。

7.4.1　判断结构

7.4.1.1　简单的判断结构

我们在研究之中,通常需要根据一个事物做出判断,然后再根据判断的结果执行相关的内容。判断结构包括:判断条件、在满足条件时执行的内容和在不满足条件时执行的内容。我们以一个具体的例子来展示。假设我们有一个记录了一首诗的数组,这个数组的每个元素是诗的一句话,我们写一个判断结构来判断诗是绝句还是律诗,输出结果如图 7-10 所示。

```php
$poem = array ("床前明月光,", "疑是地上霜。", "举头望明月,", "低头思
故乡。");
if (count($poem) > 4) {
    echo "律诗";
} else {
    echo "绝句";
}
```

绝句

图 7-10　输出结果

if 表示判断,if 紧跟的括号内是需要判断的条件。count($)表示数组的长度,count($)>4 在这里用于判断数组长度是否大于 4。

在 if 判断条件之后,有一个花括号{ },其内容表示满足条件时运行的步骤。这个例子中,如果数组长度大于 4,就向网页输出"律诗"。

在第一个花括号后面,有一个 else 和另一个花括号{ },其表示在不满足条件时运行的步骤。在这个例子中,如果数组长度不大于 4,就向网页输出"绝句"。

> 为了 if 结构整体的美观性,在书写代码时,可以将第一个花括号的左括号与 if 条件部分写一行,在该花括号后面换行。然后将第一对花括号的右括号与 else 以及第二对花括号的左括号写一行。具体格式如上述示例所示。

假如我们某个研究中对古诗的分类不只是绝句和律诗,还把律诗细分成八句以内律诗、十六句以内律诗、其他律诗等等,这样多个判断条件的判断结构如何写呢? 其实就是在第一个条件不符合的时候继续插入判断结构,代码如下,输出结果如图 7-11 所示。

```
if (count($poem) < 4) {
    echo "绝句";
} else if (count($poem) < 8) {
    echo "八句以内律诗";
} else if (count($poem) < 16) {
    echo "十六句以内律诗";
} else {
    echo "其他律诗";
}
```

八句以内律诗

图 7-11 输出结果

从这个示例中我们可以看到,在符合第一个条件的部分之后,有一个 else if( ) 的部分, 这里面就是对第二个条件的判断过程。

7.4.2 循环结构

在对古籍的处理中,经常需要一些重复但又有些许不同的操作,例如向网页输出诗数组的每一句,并在输出时给每一句前加上编号,这时候就需要循环结构。

7.4.2.1 简单的 for 循环

要进行循环,就需要确定一些关键的因素。我们继续以输出唐诗为例,首先需要确定三个要素,分别是循环的起点——序号为 0 的位置(计算机中从 0 开始),循环的终点或者说循环进行的条件——序号小于 4,循环的步长——1(1 表示一句一句地输出)。最后,在设定好循环的三个要素之后,再确定循环的主体,或者说每一次循环要做的步骤,即输出编号和每一句诗。

在 PHP 编程中,这类循环叫作 for 循环,它具有明确的循环起点和终点,循环的次数是在循环前就确定的。

for 循环的格式是 for(循环起点、循环条件、循环步长){循环主体},示例输出结果如图 7-12 所示。

```
for ($i = =0; $i < 4; $i + +){
    echo $poem[ $i]." < br >";
}
```

床前明月光,
疑是地上霜。
举头望明月,
低头思故乡。

图 7-12 输出结果

在这个示例中，$i 表示数组的序号，$i 是多少，就表示将操作数组 $poem 中序号是 i 的元素。for 循环通常需要 $i 这样用于表示起始点和终止点的元素。

> 在实际应用中，为了更准确地编写代码，我们可以将循环条件的 $i < 4 改为 $i < count($poem)，这样当数组长度发生变化时，依然不会影响代码正常运行。

7.4.2.2 foreach 循环

仔细观察以上案例可以发现，上述进行遍历的数组往往都是一些由序号作为索引的数组，并不是由字符串作为索引的数组。序号构成的数组可以通过序号一个个获取到，那没有规律的字符串作为索引数组，例如章节 7.2.4 中提到的《史记》数组 $shiji 该如何遍历呢？

这时候我们可以采用 foreach 的循环结构，foreach 结构顾名思义就是针对每一个元素。所以在 foreach 的结构中，不需要写明循环的起始点和终止点。

```
foreach ($shiji as $key => $value){
    echo $key." ";
    echo $value."< br >";
}
```

成功输出键值对，如图 7-13 所示。

author 司马迁
dynasty 西汉
chars_len 526500

图 7-13 键值对输出结果

在以上代码中，foreach 小括号后面的 $key => $value 表示的是数组的每一个元素的键名叫作 key，键值叫作 value。然后在循环时，只需要使用 $value 就能输出每个具体的值。

7.4.2.3 while 循环

for 循环通常适用于确定范围的循环操作，在实际研究中，有的循环并不具有明确的循环范围，只具备一个明确的循环条件。例如，我们在处理古籍时，通常需要将连续的多个空格变为一个空格。只将双空格替换为单个空格并不能解决问题。假如文本某处有 5 个空格，每个双空格替换为单空格之后，会变成连续的 3 个空格，如果再进行一次替换，也只能变成两个空格，只有再进行一次替换才会将此处的 5 个空格都替换掉。

这个问题解决的每一步都是在重复完全相同的步骤，我们应该很快能想到使用循环来解决这个问题。但实际情况中不确定文档中的连续空格有多少，也不确定需要多少次才能将所有的连续空格替换为单个空格，没有办法使用 for 循环。

可能有同学会有疑问，为什么不可以将 for 循环的次数设置得非常大，从而达到替换彻底的目的。这种操作一方面不能保证文档需要替换的次数少于预设的循环次数，另一方面，多余的循环会浪费大量的计算资源，降低访问速度。

7.4.2.4　循环结构的关键词

通过以上的学习，我们掌握了基本的循环结构，但有时候我们并不想按部就班地进行循环，而是希望跳过特定的循环或在特定时候直接退出循环。这就需要能够直接干预循环进行的两个关键词：continue 和 break。

（1）continue 跳出本轮循环，直接进入下一次循环

例如在一个唐诗数组中，我们只想处理李白的诗，那么就要判断作者是否李白，如果不是李白，就直接跳过进入下一次循环。

```php
<?php
    $tangpoem = array(
        array("title" => "秋夕", "author" => "杜牧"),
        array("title" => "静夜思", "author" => "李白"),
        array("title" => "江雪", "author" => "柳宗元"),
        array("title" => "早发白帝城", "author" => "李白"),
    );

    foreach ($tangpoem as $poem) {
        if( $poem["author"] != "李白" ) {
            continue;
        }
        echo "《" . $poem["title"] . "》" . $poem["author"] . "<br>";
    }
?>
```

仅输出作者为李白的诗，如图 7-14 所示。

《静夜思》李白
《早发白帝城》李白

图 7-14　输出结果

（2）break 提前结束循环

有些时候，我们并不需要进行完循环，而是可以在特定条件下结束循环。例如在一个按时间收录的唐诗数组中，我们想找到李白写的第一首诗，就可以使用 break 语句，在查找到李白的第一首诗时直接退出循环，既达到了目的，也避免了计算资源的浪费，输出结果如图 7-15 所示。

```php
<?php
    $tangpoem = array(
        array("title" => "秋夕", "author" => "杜牧"),
        array("title" => "静夜思", "author" => "李白"),
        array("title" => "江雪", "author" => "柳宗元"),
        array("title" => "早发白帝城", "author" => "李白"),
    );

    foreach ($tangpoem as $poem) {
        if ($poem["author"] == "李白") {
            echo "《" . $poem["title"] . "》" . $poem["author"] . " <br>";
            break;
        }
    }
?>
```

《静夜思》李白

图 7-15　输出结果

本章作业

1. 练习本章学习的 PHP 语句。
2. 根据自己所建数据库的语料，设计几条简单的 PHP 循环和判断语句。

第 8 章　字符编码与字符串处理

8.1　字符编码

我们用 PHP 对文本进行操作,就要一直和字符串打交道。那么这些文本是如何被计算机存储的呢? 计算机存储数据的本质是数字 0 和 1,各种字符在计算机中,都会被转化成数字进行编码,这就是字符的编码。最早出现的字符编码是用于表示西文的 ASCII 码。

ASCII 码(American Standard Code for Information Interchange,美国信息交换标准代码)是一种字符编码标准,由美国标准化委员会于 1960 年到 1968 年期间制定,并经过多次商议和修改。

ASCII 码的基本思想是将计算机的基本存储单位字节(BYTE)划分为 8 个比特(bits),即 1 字节 =8 比特。在这 8 个比特中,用 7 个比特来表示字符的编码,最高位的比特用作奇偶校验位。

ASCII 码的设计灵感源自电报码,通过将字符映射为整数,实现了计算机对英文字符的准确表示和处理。最初的 ASCII 码标准集包括了常见的英文字母(A—Z,a—z)、数字(0—9)、标点符号(如句号、逗号、问号等)以及一些控制字符。这些字符共计 128 个(2 的 7 次方),故而占用了 7 个比特。后来,为了满足更多字符的需求,ASCII 码进一步扩展为 256 个字符(2 的 8 次方),占用了 8 个比特,其中包括了更多的特殊字符和国际字符。

在 ASCII 码中,每个字符都对应一个唯一的整数值,见图 8 - 1 例如,空格对应的 ASCII 码值是 32,数字 0 对应的 ASCII 码值是 48,大写字母 A 对应的 ASCII 码值是 65,小写字母 a 对应的 ASCII 码值是 97。

ASCII 码的使用使得计算机能够准确地表示和处理英文字符,并且能够进行文本的存储、传输和处理。然而,由于 ASCII 码只能表示有限的字符范围,后续出现了更多的字符编码标准,如 Unicode 和 UTF - 8,以支持更多语言和字符的表示。

十进制	字符	代码	十进制	字符	代码	十进制	字符	十进制	字符	十进制	字符	十进制	字符	十进制	字符	十进制	字符
0	BLANK NULL	NUL	16	▶	DLE	32		48	0	64	@	80	P	96	`	112	p
1	☺	SOH	17	◀	DC1	33	!	49	1	65	A	81	Q	97	a	113	q
2	☻	STX	18	↕	DC2	34	"	50	2	66	B	82	R	98	b	114	r
3	♥	EXT	19	‼	DC3	35	#	51	3	67	C	83	S	99	c	115	s
4	♦	EOT	20	¶	DC4	36	$	52	4	68	D	84	T	100	d	116	t
5	♣	ENQ	21	§	NAK	37	%	53	5	69	E	85	U	101	e	117	u
6	♠	ACK	22	▬	SYN	38	&	54	6	70	F	86	V	102	f	118	v
7	●	BEL	23	↨	ETB	39	'	55	7	71	G	87	W	103	g	119	w
8	◘	BS	24	↑	CAN	40	(	56	8	72	H	88	X	104	h	120	x
9	○	TAB	25	↓	EM	41	)	57	9	73	I	89	Y	105	i	121	y
10	◙	LF	26	→	SUB	42	*	58	:	74	J	90	Z	106	j	122	z
11	♂	VT	27	←	ESC	43	+	59	;	75	K	91	[	107	k	123	{
12	♀	FF	28	∟	FS	44	,	60	<	76	L	92	\	108	l	124	|
13	♪	CR	29	↔	GS	45	-	61	=	77	M	93	]	109	m	125	}
14	♫	SO	30	▲	RS	46	.	62	>	78	N	94	^	110	n	126	~
15	☼	SI	31	▼	US	47	/	63	?	79	O	95	_	111	o	127	△

图 8-1　ASCII 码一览表

　　为了能够表示不同语言的字符,各国制定了自己的字符编码方案。在欧洲,像俄语、法语、德语等语言的字符数量大约在 30 左右。在亚洲,像日本、韩国等语言的字符数量更多。

　　为了在国际上实现字符的通用表示,人们约定采用了"代码页"(code page)的方式。代码页可以被理解为一种按照特定语言处理字符编码的规范。在 20 世纪 60 年代的"万码奔腾"时代,一种语言通常对应一种编码方案。

　　通常情况下,这些代码页采用双字节编码,即 16 位(16bit),其中低位留给了 ASCII 标准码。从 128 以后的位置开始,使用两个字节来表示特定语言的字符,汉字的编码通常采用双字节编码,其中高字节表示汉字的区位码,低字节表示汉字的位码,例如汉字"啊"的编码为(176,161)。

　　在这些代码页中,有两个主要的系列:IBM PC OEM 标准系列和 Windows ANSI 标准系列。它们分别为不同的操作系统和计算机平台提供了不同的字符编码方案。常用的代码页包括 936(支持简体中文的 GBK 编码)、65001(UTF-8 编码)等。

　　然而,一种语言通常对应一种代码页,这就导致一种语言只能使用一种编码方案,而一个文件也只能是一种语言文字。这在过去,尤其是 20 世纪 80 年代时,保存多国不同语言的文件以及多语言混排文件时非常困难和不便。

8.2 汉字编码字符集

设计汉字编码方案是为了准确地表示和处理汉字字符。在处理汉字文本时,需要根据具体的编码方案来选择正确的编码方式和解码方式,表8-1列出了4种汉字编码方案。

表8-1 汉字编码方案

GB2312	GB2312 是中国国家标准,于 1980 年发布,共收录了 6 763 个简体汉字。它使用两个字节来保存一个汉字,其中第一个字节的范围是129—254,第二个字节的范围是64—254。由于第一个字节大于 128,第二个字节从 64 开始,因此在某些情况下,一个汉字的编码可能会被解析成两个西文字符。
GBK	GBK 是 GB2312 的扩展编码,兼容 GB2312,并增加了对繁体字的支持。它与GB2312 相似,使用两个字节来保存一个汉字,第一个字节的范围是129—254,第二个字节的范围是64—254。相比于 CJK(Chinese, Japanese, Korean)编码,GBK 多出了 106 个字符,共收录了 20 902 个汉字。
Big5	Big5 是主要在中国台湾地区和香港特别行政区使用的汉字编码方案。它收录了13 053 个繁体汉字。Big5 使用两个字节来保存一个汉字,第一个字节的范围是161—249,第二个字节的范围是64—126 和 161—254。
GB18030	GB18030 是中国国家标准,于 2000 年发布,是目前最全面的汉字编码方案。它使用1—4 个字节来保存不同范围的汉字。GB18030—2000 收录了 27 533 个汉字,GB18030—2022 收录了 87 887 个汉字。

代码页的繁琐和语言的多样性确实给普通用户带来了困扰。在过去,不同语言和地区使用不同的代码页来表示字符,导致字符集的混乱和不统一。特别是对于汉字来说,由于其数量庞大,存在多种不同的代码页来表示汉字,造成应用上的许多不便。故而在处理汉字文本时,我们需要特别仔细,根据具体的代码页来正确解码和显示汉字。

没有编程基础的普通用户很难判断一个文本使用的是哪种代码页,这给文本的显示和处理带来了一定的困难。例如,当用户打开一个文本文件时,如果操作系统或软件没有正确识别该文件所使用的代码页,就可能导致乱码的显示。

为了解决这个问题,统一码 Unicode"横空出世"。它是由国际标准化组织(ISO)制定的一种编码标准。Unicode 提供了一种统一的编码标准,用于表示世界上所有的文字符号,包括字母、数字、标点符号、符号和各种文字。它的编码空间可以容纳所有的文字符号,共有 4 个字节(32 位)。

Unicode 使用统一的编码空间,不再依赖于不同的代码页。同时,与 ASCII 编码不同,Unicode 不再局限于 8 位编码空间,而是扩展到了更大的编码空间。但它的前 256个码位仍然沿用了 ASCII 编码的字符,这就使得 Unicode 能够与 ASCII 编码兼容。然而,4 个字节的固定编码长度在存储上不太经济,因此现在常使用 Unicode 的转换实现方案/变长字符集,最常见的是 UTF(Unicode Transformation Format)系列。

UTF 是一种变长字符集,它可以使用1 到4 个字节来表示一个字符,根据字符的不同,使用不同长度的字节表示。这样可以在保证兼容性的同时,有效地节省存储空间。

常见的 UTF 编码方案有:

(1) UTF-8:最常用的变长字符集,可以使用1 到4 个字节来表示一个字符,兼容 ASCII 编码。它使用较少的字节来表示常用的字符,而对于非常用字符则使用更多的字节表示。

(2) UTF-16:使用2 或4 个字节来表示一个字符,可以表示 Unicode 字符集中的所有字符。UTF-16 通常用于编程语言和操作系统。

(3) UTF-32:使用4 个字节来表示一个字符,直接对应 Unicode 的编码方式。UTF-32 在存储上消耗更多的空间,但在处理上更加简单和高效。

Unicode 的出现解决了不同语言和地区使用不同的代码页来表示字符的问题,使得全球范围内的文本处理更加统一和便捷。

聚焦于我们的汉字,那就不得不提起我们的 CJK 字符集了。

CJK 字符集是中日韩三国联合制定的一种字符集,用于表示汉字。它包括了基本集、扩展集 A、扩展集 B 和扩展集 C。

在这之中,基本集包含了 4E00-9FFF(19968-40959)的码位,共有 20 902 个汉字。扩展集 A 包含了 3400-4DFF(13312-19967)的码位,共收录了 6 582 个汉字。扩展集 B 包含了 20000-2A6DF(131072-173791)的码位,共收录了 42 807 个汉字。其他扩展集还在不断制定中。

有的同学可能会问,要显示这么多汉字,是否有相应的字体文件供我们安装呢? 答案是肯定的。我们可以安装 UniFonts. exe 字体文件,它包含了 CJK 字符集中的汉字。

此外,我们常用的 GB18030 是一种基于 Unicode 的字符集,它收录了 8 万多个汉字,也包括了 CJK 字符集中的汉字。GB18030 的 GB 意为“国标”,是中国国家标准,它的出现解决了汉字编码的问题,使得汉字的表示更加统一和完善。

8.3　字符与编码的转换

在了解了字符集编码的原理之后,我们再来了解一下如何实现查看字符的编码以及根据编码生成字符。

8.3.1　查看字符的编码

查看字符编码的方式很简单,在我们日常接触最多的文本编辑软件 Word 中就可以直接查看字符的编码。在 Word 中按 ALT+X 键可显示在插入点之前一个字符的16 进制编码,再按一次即可恢复,以汉字“一”为例,16 进制字符编码如图 8-2 和图 8-3 所示。

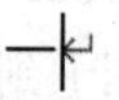

一|

图 8 - 2　尝试 16 进制编码

4E00|

图 8 - 3　成功输出 16 进制编码

可以看到，"一"的 16 进制编码是 4E00。

8.3.2　根据编码规则打印汉字

我们既可以看到汉字的编码，也可以根据编码输出汉字。可以分别在编码数字前加"&#"，编码数字后加英文分号";"，以此来表示 10 进制的 Unicode 编码。在 Unicode 编码中，汉字占据的编码空间是从 19968 到 40869。我们可以使用刚刚学习到的形式输出 19968，看一下对应的是哪个汉字。

首先，我们新建一个名称为 char.php 的文件，将文件的编码改成 UTF - 8 with Signature（使用签名可以在文本开头的一两个字节将编码方案以整数的形式写进去，如 GB 就是 936，编辑器就会按照这种编码打开文件）。修改文件编码如图 8 - 4 所示。

图 8 - 4　修改文件编码

PHP 代码为：

```php
<?php
    echo "&#19968;";
?>
```

在浏览器中打开 chat.php,可以看到输出的字是汉字"一",如图 8-5 所示。

一

图 8-5　Unicode 编码输出

接下来,我们可以利用 for 循环将 Unicode 编码空间 19968—40869 的汉字都输出出来,输出结果如图 8-6 所示。

```php
for($i = 19968; $i < 40870; $i + + ){
    $char = "&#". $i.";";
    echo $char." ";
}
```

一丁丂七丄丅丆万丈三上下丌不与丏丐丑刄专且丕
世丗丘丙业丛东丝丞丟北両丢乀乁两严並丧丨丩个丫
丬中丮丯丰丱串丳临举丶丷丸丹为主丼丽举丿乀乁乂
乄乃乆久乆乇么义乊之乌乍乎乏乐乑乒乓乔乕乖乘
乘乙乚乛乜九乞也习乡乢乣乤乥书乧乨乩乪乫乬乭
乮乯买乱乳乴乵乶乷乸乹乺乻乼乽乾乿亀亁亂亃
亄亅了亇予争事二亍于亏亐云互亓五井亖亗亘亙亚
亚些亜亝亞亟亠亡亢亣交亥亦产亨亩弈享京亭亮亯
京亱亲亳亴亵亶亷亸亹人亻亼亽亾亿什仁仃仄仅仆仇
仈仉今介仌仍从仏仐仑仒仓仔仕他仗付仙仚仛仜
仝仞仟仠仡仢代令以仦仧仨仩仪仫们仭仮仯仰仱
仲仳仴仵件价伀伂仸仹任任份佀仿佁企佃佄佅但伇役

图 8-6　打印编码为 19968—40869 的字符

除了汉字,我们还可以利用 for 循环将编码为 0—50000 的字符打印出来,结果如图 8-7 所示。

```
for($i = 0; $i < 50000; $i + + ){
    $char = "&#". $i.";";
    echo $char." ";
}
```

◆   ! " # $ % & ' ( ) * + , - . / 0 1 2 3 4 5 6
7 8 9 : ; < = > ? @ A B C D E F G H I J K L M N O P Q R S T U
V W X Y Z [\ ] ^ _ ` a b c d e f g h i j k l m n o p q r s t u v w
x y z { | } ~ € , ƒ „ … † ‡ ^ ‰ Š ‹ Œ Ž ' ' " " • – — ˜ ™
š › œ žŸ ¡ ¢ £ ¤ ¥ ¦ § ¨ © ª « ¬ ® ¯ ° ± ² ³ ´ µ ¶ · ¸ ¹ º » ¼
½ ¾ ¿ À Á Â Ã Ä Å Æ Ç È É Ê Ë Ì Í Î Ï Ð Ñ Ò Ó Ô Õ Ö × Ø Ù
Ú Û Ü Ý Þ ß à á â ã ä å æ ç è é ê ë ì í î ï ð ñ ò ó ô õ ö ÷ ø ù ú
û ü ý þ ÿ Ā ā Ă ă Ą ą Ć ć Ĉ ĉ Ċ ċ Č č Ď ď Đ đ Ē ē Ĕ ĕ Ė ė Ę ę Ě
ě Ĝ ĝ Ğ ğ Ġ ġ Ģ ģ Ĥ ĥ Ħ ħ Ĩ ĩ Ī ī Ĭ ĭ Į į İ ı Ĳ ĳ Ĵ ĵ Ķ ķ ĸ Ĺ ĺ Ļ ļ Ľ ľ
Ŀ ŀ Ł ł Ń ń Ņ ņ Ň ň ŉ Ŋ ŋ Ō ō Ŏ ŏ Ő ő Œ œ Ŕ ŕ Ŗ ŗ Ř ř Ś ś Ŝ ŝ
Ş ş Š š Ţ ţ Ť ť Ŧ ŧ Ũ ũ Ū ū Ŭ ŭ Ů ů Ű ű Ų ų Ŵ ŵ Ŷ ŷ Ÿ Ź ź Ż ż
Ž ž ſ ƀ Ɓ Ƃ ƃ Ƅ ƅ Ɔ Ƈ ƈ Ɖ Ɗ Ƌ ƌ ƍ Ǝ Ə Ɛ Ƒ ƒ Ɠ Ɣ ƕ Ɩ Ɨ Ƙ ƙ ƚ ƛ Ɯ Ɲ

图 8-7 0—50000 的字符

同时,每种语言、每类字符的录入都有规律性(如汉字是按照部首或笔画排序)且有固定的编码区间但汉字并不只在一个区域连续出现,而是分布在多个区域,因为每年只能添加 2 000 个汉字进去,这也就产生了各种汉字扩展集。

使用 Unicode 编码输出字符,也为我们打印字母金字塔提供了另一种新的思路(A—Z 新思路)。

```
for($i = 65; $i < 65 + 26; $i + + ){
    for($j = 65; $j < $i; $j + + ){
        echo "&#". $j.";";
    }
    echo " < br > ";
}
```

8.4　字符串的处理

接下来,我们看一下 PHP 所支持的字符串的基本操作,这与我们之前所学的 Access 和 SQL 的大部分大同小异,具体如下。

（1）与 C、VFP、Access 大致相同:PHP 的字符串处理与 C 语言、Visual FoxPro (VFP) 和 Microsoft Access(Access)的字符串处理方式大致相同。这意味着,在前文中学习的 Access 中的字符串操作可以在 PHP 中沿用,轻松进行字符串处理。

（2）下标基于 0:与大多数编程语言一样,PHP 中的字符串下标是从 0 开始的。也就是说,字符串中第一个字符的下标是 0,第二个字符的下标是 1,以此类推。

（3）基本操作:PHP 提供了许多基本的字符串操作函数,可以对字符串进行处理,如表 8-2 所示。

表 8-2　字符串操作函数

整数、字符转换	ord( );	将字符转换为 ASCII 码值
	chr( );	将 ASCII 码值转换为字符
大小写转换	strtolower( );,	将字符串转换为小写
	strtoupper( );	将字符串转换为大写
去除空格	trim( );	去除字符串两边的空格
	ltrim( );	去除字符串左边的空格
	rtrim( );	去除字符串右边的空格
	chop( );	去除字符串末尾的空格
求串长	strlen( );	获取字符串的长度
连接串	.	将两个字符串连接在一起
取子串	substr( )	获取字符串的子串,可以指定起始位置和长度
串中找串	strops( );	在字符串中查找子串的位置
	stripos( );	在字符串中忽略大小写查找子串的位置
	strrpos( );	在字符串中查找子串最后出现的位置
	substr_count( );	统计字符串中子串出现的次数
	strpbrk( );	查找指定字符集合中的任意字符的位置
替换	substr_replace( );	将指定位置的子串替换为新的字符串
	strtr( );	进行多个字符的替换
比较	strcmp( );	比较两个字符串的大小
	strncmp( );	比较两个字符串的前 n 个字符
	= =	判断两个字符串是否相等

8.4.1　字符串两端的内容删除

在对全唐诗语料进行处理时,往往会遇到一些句子其前后两端都存在空格,这些空格会影响我们的分析和显示,那么如何去掉这些开头和末尾的空格呢? PHP 中我们可以使用 trim( )函数,检索结果如图 8-8。

```php
<?php
    $poem = "床前明月光,";
    echo trim($poem);
?>
```

床前明月光,

图8-8　检索结果呈现

trim 为修剪之意,表示删除掉不必要的部分,了解 trim 的这一含义可以方便我们掌握和记忆这些函数的功能。

trim 除了"修剪"掉两端空格之外,还有一个高级功能,就是可以删掉字符两端的特定内容,例如可以将文本末尾的逗号删掉,结果如图 8-9 所示:

```php
<?php
    $poem = "床前明月光,";
    echo trim($poem, ",");
?>
```

床前明月光

图8-9　检索结果呈现

8.4.2　字符串的长度

不同编码下单个字符所占的字节不同,在 PHP 中,可以使用 mb_strlen( )函数,以避免字节数对长度计算的影响。mb_strlen( )需要填写两个参数,第一个是需要计算长度的字符串,第二个是该字符串的编码,通常为"utf-8"。mb_strlen( )会直接返回我们认知上的字符个数,而不是计算机编码中所认为的字节个数。字符串长度输出结果如图 8-10 所示。

```php
<?php
    $poem = "床前明月光,疑是地上霜。举头望明月,低头思故乡。";
    echomb_strlen($poem, "utf - 8");
?>
```

24

图 8-10　字符串长度输出结果

　　不仅是纯汉字语料,在中英文混杂语料中,mb_strlen( )也可以直观地计算出具体的长度。长度输出结果如图 8-11 所示,在中英文混杂的语料中,mb_strlen( )返回的结果是 28,正是汉字数量、字母数量、标点符号数量和空格数量之和。

```php
<?php
    $poem = "静夜思 Thoughts on a Quiet Night";
    echomb_strlen($poem, "utf - 8");
?>
```

28

图 8-11　字符串长度输出结果

8.4.3　字符串中的查找

　　在上一节的字符串 $poem 中,如果我们想找到英文标题的位置,怎么办呢? 我们可以使用 mb_strpos( )函数。要想从一个字符串中查找另一个字符串,需要确定两个要素,第一是我们要在哪个字符串里找,第二是我们要找的目标字符是什么,这也是 mb_strpos( )函数需要输入的其中两个参数。在这个例子中,我们需要在 $poem 中查找,查找的字符应该是"T"。在字符串中查找的代码如下,输出结果见图 8-12。

```php
<?php
    $poem = "静夜思 Thoughts on a Quiet Night";
    echomb_strpos($poem, "T", 0, "utf - 8");
?>
```

3

图 8-12　输出结果

mb_strpos( )中的第三个参数表示查找的起始位置，一般默认从头开始，所以一般写0，第四个参数是字符串的编码，通常写"utf-8"。

> 在编程时，序号起始是0，因此，第四个字符的序号是3，这点在PHP数组部分已经学习过。

8.4.4　字符串的截取

既然可以通过字符串查找确定 $poem 中英文标题的起始位置，那么是否可以根据位置把英文标题截取出来呢？字符串的截取用的函数是 mb_substr( )，里面需要输入4个参数，分别是被截取的字符串、截取的起始位置、截取的长度和字符串的编码。以截取出 $poem 的英文标题为例，我们需要截取的是 $poem，截取的起始位置是"T"的位置，也就是3，截取长度是"Thoughts on a Quiet Night"的长度，也就是25，字符串编码依然是"utf-8"。截取字符串的代码如下，输出结果如图8-13所示。

```php
<?php
    $poem = "静夜思 Thoughts on a Quiet Night";
    echomb_substr($poem, 3, 25, "utf-8");
?>
```

Thoughts on a Quiet Night

图8-13　输出结果

我们已学习过如何自动获取英文标题的位置，即 mb_strpos( )函数，那么也可以把3替换为我们刚刚获取英文标题位置的代码，修改后的代码为：

```php
<?php
    $poem = "静夜思 Thoughts on a Quiet Night";
    echomb_substr($poem, mb_strpos($poem, "T", 0, "utf-8"), 25, "utf-8");
?>
```

进一步，我们还可以将截取长度设置为总长度，这样就可以一直截取到字符串末尾。

```php
<?php
    $poem = "静夜思 Thoughts on a Quiet Night";
    echomb_substr($poem, mb_strpos($poem, "T", 0, "utf-8"), mb_strlen
($poem, "utf-8"), "utf-8");
?>
```

　　这样实现了自动截取,不需要手动去查截取的位置和需要截取的长度,适用性更高。

8.4.5　字符串的比较

　　如果想比较两个字符串是否"相等",我们会用到字符串比大小,即字符串的比较。一般来说,直接判断是否等于就可以。例如,我们可以通过比较两个记录作者的字符串是否相同,来判断两首诗的作者是否为一个人,比较字符串的代码如下,输出结果如图 8-14 所示。

```php
<?php
    $poem = array(array("title" => "秋夕", "author" => "杜牧"),
                  array("title" => "静夜思", "author" => "李白"),
                  array("title" => "江雪", "author" => "柳宗元"),
                  array("title" => "早发白帝城", "author" => "李白"));

    if ($poem[0]["author"] == $poem[1]["author"]) {
        echo "第一首诗和第二首诗作者相同";
    } else {
        echo "第一首诗和第二首诗作者不同";
    }
?>
```

第一首诗和第二首诗作者不同

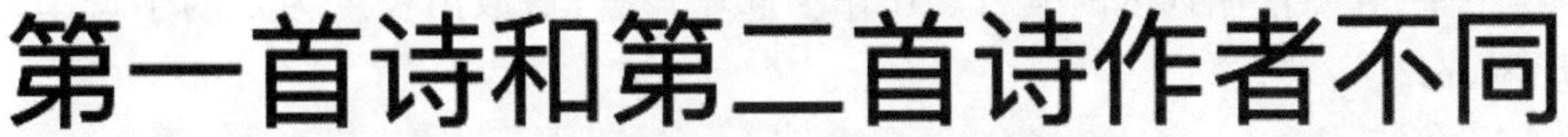

图 8-14　输出结果

8.4.6　查找重叠式

　　通过以上各种字符串处理的学习,我们已经基本可以根据研究需要操作字符串。接下来我们综合使用刚刚学习的操作方法,以李清照《如梦令》文本为语料,来查找 AABB 重叠式。具体思路是定义一个字符串存放《如梦令》的语料,然后每次取 4 个字,判断这 4 个字是否符合 AABB 的形式,如果符合就输出。判断完成之后,接着往后移动一个字,再取 4 个字出来,直至结束。

　　在理清楚逻辑之后,接下来我们尝试用 PHP 实现。

　　我们首先用变量 $s 定义原文文本:

```php
<?php
    $s = "寻寻觅觅,冷冷清清,凄凄惨惨戚戚。
乍暖还寒时候,最难将息。
三杯两盏淡酒,怎敌他、晚来风急?
雁过也,正伤心,却是旧时相识。
满地黄花堆积。憔悴损,如今有谁堪摘?
守着窗儿,独自怎生得黑?
梧桐更兼细雨,到黄昏、点点滴滴。
这次第,怎一个愁字了得!";
?>
```

我们确定原文长度以进行遍历。

```php
$len = mb_strlen($s, "utf - 8");
```

下一步,我们写一个 for 循环进行遍历:

```php
for ($i = 0; $i <= $len - 5; $i + + ) {

}
```

注意,由于我们要每 4 个字进行抽取,所以即将用于截取起始位置的 $i 并不能取到结尾,只能取到字符串倒数第 4 个字符,其位置为 $len − 5,因此,我们将循环条件写为 $i < = $len − 5。

接下来,在每次循环的时候,以 $i 作为起始位置,截取出长度为 4 的字符串,并命名为 $word。

```php
for ($i = 0; $i <= $len - 5; $i + + ) {
    $word = mb_substr($s, $i, 4, "utf - 8");
}
```

再进一步使用 mb_substr( ) 函数,截取出来 $word 的第 1、第 2、第 3、第 4 个汉字,并分别命名为 $char1、$char2、$char3、$char4。

```php
for ($i = 0; $i <= $len - 5; $i + + ) {
    $word = mb_substr($s, $i, 4, "utf - 8");
    $char1 = mb_substr($word, 0, 1, "utf - 8");
    $char2 = mb_substr($word, 1, 1, "utf - 8");
    $char3 = mb_substr($word, 2, 1, "utf - 8");
    $char4 = mb_substr($word, 3, 1, "utf - 8");
}
```

AABB 重叠式的特点就是第 1 个字和第 2 个字相同,第 3 个字和第 4 个字相同,并且第 1 个字和第 3 个字不同,因此,我们可以用 if 进行判断,并在判断为 AABB 重叠式之后,将其输出到页面上,输出结果如图 8-15 所示。

```
for ($i = 0; $i <= $len - 5; $i + + ) {
    $word = mb_substr($s, $i, 4, "utf - 8");
    $char1 = mb_substr($word, 0, 1, "utf - 8");
    $char2 = mb_substr($word, 1, 1, "utf - 8");
    $char3 = mb_substr($word, 2, 1, "utf - 8");
    $char4 = mb_substr($word, 3, 1, "utf - 8");
    if ($char1 = = $char2 && $char3 = = $char4 && $char1 ! = $char3) {
        echo $word . " < br > ";
    }
}
```

寻寻觅觅
冷冷清清
凄凄惨惨
惨惨戚戚
点点滴滴

图 8-15　输出结果

掌握了遍历的方法,我们不仅可以找到"AA"型重叠式,稍作修改,还可以找到"ABB""ABAB""A 了一 A""A 不 AB""A 里 AB"等形式的语句。

本章作业

1. 使用 PHP 打印编码为 19968—40869 的汉字。
2. 使用 PHP 完成重叠式的查找程序。
3. 打印一个字母金字塔或汉字金字塔。

第9章 文件处理与网络爬虫

通过字符串的相关学习,我们可以对语料进行更加灵活的处理和统计,但是通常情况下,语料往往不是我们直接定义的字符串,而是存储在文件之中的,面对这样的情况如何处理呢? 另外,如果我们在网络上看到需要的材料,想批量下载用于创建我们的语料库,该如何操作呢? 本章将通过对文件处理以及网络爬虫技术的学习,进一步感受PHP 编程,掌握对语料的基本处理技术。

9.1 文件路径

要对文件进行处理,我们首先要解决两个问题:要处理文件的文件名称是什么? 存放在哪里? 接下来我们一一学习。

需要注意的是,本书一般提到的文件名称是指文件的全名,例如,chapter1. php,home. html,data. txt 等等,而不是不带文件后缀(. php,. html,. txt 等)的名称。因此,建议大家点击文件管理器顶部的"查看"标签,勾选上"文件扩展名",如图 9-1 所示,这样文件显示的名称就是完整的。

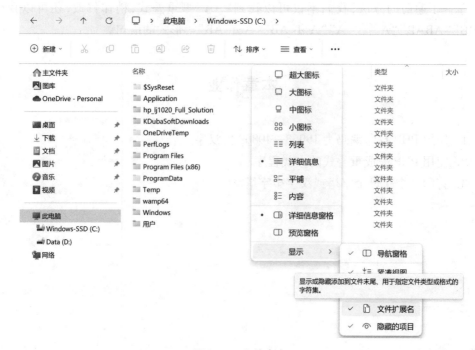

图 9-1 文件命名

要定位一个文件,不仅需要知道文件名称,还要知道文件存放的位置。那么如何表示文件位置呢? 我们通过描述地理位置的类比来进行理解。

在描述一个位置时,我们最常见的方式就是由大到小一层层描述。例如南京师范大学的位置可以描述为"中国 江苏省 南京市 鼓楼区 宁海路 122 号",是由国家至道路门牌号逐层具体的。那么在计算机中,也可以用这种方式来进行表示,例如"C:/wamp/www/chapter10/data/data. txt"。这种方式表示的路径就叫绝对路径。绝对路径可以直接点击文件管理器的地址栏进行复制。

除了以绝对路径的方式来描述文件,我们更常用相对路径。使用相对路径可以将南京师范大学的地理位置描述为"河海大学东边"或者"江苏省人民医院北边",这种方式不需要一串的信息,只需要一个参照物即可。在计算机中,通常以当前代码文件为参照物,描述目标文件的位置。例如,data. txt 文件在代码文件同级的子文件夹 data 文件夹里,就可以描述为"data/data. txt";如果 data. txt 文件在代码文件的上一个文件夹里,就可以描述为"../data. txt"。

大部分情况下,要处理的数据文件通常放在代码文件夹中,因此直接使用相对路径为"data. txt"的方式来表示会方便很多。

9.2　文件读取

学习了如何定位一个文件之后,我们就可以学习文件读取的方式。文件读取需要用到两个函数。首先,需要打开文件,函数是 fopen( ),在打开文件时,需要在这个函数里写两个参数,分别是文件名和"r","r"表示 read 的意思。然后,我们会用 fget( )函数来一行行读取。该过程运用到了 while 循环:

```php
<?php
    $file = fopen("tangshiutf8.txt", "r");
    while(!feof($file)) {
        $line = fgets($file);
        echo $line."<br>";
    }
fclose($file);
?>
```

在这个循环中,"while(!feof($file))"意思就是 while not end of file,当文件没有达到结尾的时候,就一直做这个循环。"fgets($file);"是用 fgets 去文件中读一行;读完这一行时获取到的是一个字符串,这个字符串交给变量 $line,然后打印出 line,并在后面跟上一个换行标签。

这时全唐诗中所有行都被取出,如图 9-2 所示。

Resource id #3卷1_1|【帝京篇十首】|李世民|秦川雄帝宅，函谷壮皇居。绮殿
千寻起，离宫百雉余。连甍遥接汉，飞观迥凌虚。云日隐层阙，风烟出绮疏。
岩廊罢机务，崇文聊驻辇。玉匣启龙图，金绳披凤篆。韦编断仍续，缥帙舒还
卷。对此乃淹留，欹案观坟典。移步出词林，停舆欣武宴。雕弓写明月，骏马
疑流电。惊雁落虚弦，啼猿悲急箭。阅赏诚多美，于兹乃忘倦。鸣笳临乐馆，
眺听欢芳节。急管韵朱弦，清歌凝白雪。彩凤肃来仪，玄鹤纷成列。去兹郑卫
声，雅音方可悦。芳辰追逸趣，禁苑信多奇。桥形通汉上，峰势接云危。烟霞
交隐映，花鸟自参差。何如肆辙迹，万里赏瑶池。飞盖去芳园，兰桡游翠渚。
萍间日彩乱，荷处香风举。桂楫满中川，弦歌振长屿。岂必汾河曲，方为欢宴
所。落日双阙昏，回舆九重暮。长烟散初碧，皎月澄轻素。搴幌玩琴书，开轩
引云雾。斜汉耿层阁，清风摇玉树。欢乐难再逢，芳辰良可惜。玉酒泛云罍，
兰肴陈绮席。千钟合尧禹，百兽谐金石。得志重寸阴，忘怀轻尺璧。建章欢赏
夕，二八尽妖妍。罗绮昭阳殿，芬芳玳瑁筵。佩移星正动，扇掩月初圆。无劳
上悬圃，即此对神仙。以兹游观极，悠然独长想。披卷览前踪，抚躬寻既往。
望古茅茨约，瞻今兰殿广。人道恶高危，虚心戒盈荡。奉天竭诚敬，临民思惠

图9-2　打印全唐诗的所有内容

在对文件操作完成之后，记得使用 fclose($file) 完成关闭文件的操作。

9.3　文件写入

文件写入同样也需要用到两个函数。

首先，同样需要通过函数 fopen() 打开文件，在打开文件时，需要在这个函数里写
两个参数，分别是文件名和"w"，"w"表示 write 的意思。

然后，写入文件时，用的是 fwrite() 函数。fwrite() 中需要写两个参数，分别是要写
入的文件变量，以及要写入的内容。

接下来，我们尝试读取 tangshiutf8. txt 中的每一行内容，并将其保存到一个新的文
件 new. txt 之中。

```php
<?php
    $f1 = fopen("tangshiutf8.txt", "r");
    $f2 = fopen("new.txt", "w");
    while(!feof($f1)) {
        $line = fgets($f1);
fwrite($f2, $line);
    }
```

```
fclose($f1);
fclose($f2);
?>
```

在对文件进行写入操作时，如果不存在 new. txt，会创建一个新的 new. txt 进行写入；如果这个文件已经存在，则会清空该文件重新写入。如果不想清空原有文件而只是追加文件，可以将 fopen( )函数的参数"w"改为"a"，即 append（追加）。

运行出来的文件"new. txt"应该是和全唐诗一样的，如图 9-3 所示。

```
卷1_1|【帝京篇十首】|李世民|秦川雄帝宅，函谷壮皇居。绮殿千寻起，离宫百雉余。连薨遥接汉，飞观
卷1_2|【饮马长城窟行】|李世民|塞外悲风切，交河冰已结。瀚海百重波，阴山千里雪。迥戍危烽火，层
卷1_3|【执契静三边】|李世民|执契静三边，持衡临万姓。玉彩辉关烛，金华流日镜。无为宇宙清，有美
卷1_4|【正日临朝】|李世民|条风开献节，灰律动初阳。百蛮奉遐赆，万国朝未央。虽无舜禹迹，幸欣天
卷1_5|【幸武功庆善宫】|李世民|寿丘惟旧迹，酆邑乃前基。粤予承累圣，悬弧亦在兹。弱龄逢运改，提
卷1_6|【重幸武功】|李世民|代马依朔吹，惊禽愁昔丛。况兹承眷德，怀旧感深衷。积善忻余庆，畅武悦
卷1_7|【经破薛举战地】|李世民|昔年怀壮气，提戈初仗节。心随朗日高，志与秋霜洁。移锋惊电起，转
卷1_8|【过旧宅二首】|李世民|新丰停翠辇，谯邑驻鸣笳。园荒一径断，苔古半阶斜。前池消旧水，昔栽
卷1_9|【还陕述怀】|李世民|慨然抚长剑，济世岂邀名。星旗纷电举，日羽肃天行。遍埛屯万骑，临原驻
卷1_10|【入潼关】|李世民|崤函称地险，襟带壮两京。霜峰直临道，冰河曲绕城。古木参差影，寒猿断
卷1_11|【于北平作】|李世民|翠野驻戎轩，卢龙转征旆。遥山丽如绮，长流萦似带。海气百重楼，岩松
卷1_12|【辽城望月】|李世民|玄兔月初明，澄辉照辽碣。映云光暂隐，隔树花如缀。魄满桂枝圆，轮亏
卷1_13|【春日登陕州城楼，俯眺厚野回丹，碧缀烟霞，密翠斑红，芳菲花柳，即目川岫，聊以命篇】|李
卷1_14|【春日玄武门宴群臣】|李世民|韶光开令序，淑气动芳年。驻辇华林侧，高宴柏梁前。紫庭文珮
卷1_15|【登三台言志】|李世民|未央初壮汉，阿房昔侈秦。在危犹骋丽，居奢遂投人。岂如家四海，日
卷1_16|【出猎】|李世民|楚王云梦泽，汉帝长杨宫。岂若因农暇，阅武出辒嵩。三驱陈锐卒，七萃列材
```

图 9-3　成功运行得到的 new. txt 文件

同样是读取每一行输出，为什么 echo 输出到 HTML 的时候需要用 < br >标签才能换行，而在写入文件时就没有额外加文本换行符"\n"呢？这是因为 fget( )拿到的每一行数据，就已经自带换行符"\n"，只不过 HTML 中不能正常显示，而需要其专属的换行标签 < br >来显示，所以写入文件时直接使用 fwrite( )即可。

我们还可以增加一些操作，例如在"new. txt"开头加上一句"这是全唐诗副本"，也就是在输出唐诗内容之前加一行 fwrite( )：

```php
<?php
    $f1 = fopen("tangshiutf8.txt", "r");
    $f2 = fopen("new.txt", "w");
    fwrite($f2, "这是全唐诗副本 \n");
    while(! feof($f1)) {
```

```
        $line = fgets($f1);
        fwrite($f2, $line);
    }
    fclose($f1);
    fclose($f2);
?>
```

运行结果如图9-4所示。

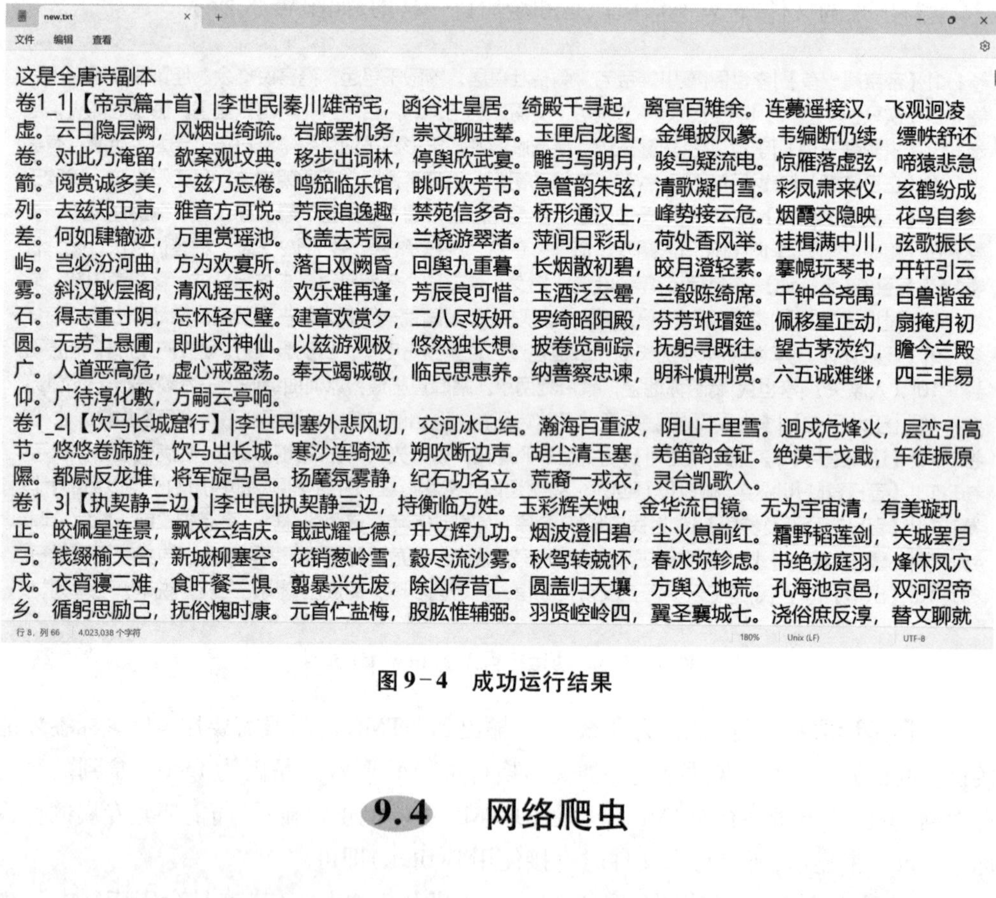

图9-4 成功运行结果

9.4 网络爬虫

学习了对文件的读取和写入后,基本上可以比较好地处理我们本地的语料了。如果在网页上浏览时遇到了大量可用的素材,一一复制会浪费大量的时间和精力,有没有什么办法可以简单快速地把它们批量保存下来呢? 这就需要用到网络爬虫技术。

网络爬虫(Web Crawler),有时简称爬虫。顾名思义,是指像一条虫子一样,在网页上一点点地抓取到数据。爬虫技术可以在短时间内将网页上的内容快速地保存,省去了人工复制粘贴的负担。接下来,我们以南京师范大学新闻网为对象,编写PHP代码,爬取新闻标题和时间,截图如图9-5所示。

图 9-5　南京师范大学新闻网截图

　　由于我们浏览的网页本质上是一个 HTML 文件,可以使用 fopen( )函数,将其作为文件打开和读取。

```php
<?php
    $url = "http://news.njnu.edu.cn/whjs/tzgg.html";
    $web = fopen($url, "r");
    $result = fopen("news.html", "w");
    while(!feof($web)) {
        $line = fgets($web);
        fwrite($result, $line);
    }
    fclose($web);
    fclose($result);
?>
```

　　打开浏览器运行完成之后,可以看到 PHP 文件所在的文件夹出现了 news. html,这就是我们爬取南京师范大学新闻网得到的 HTML 代码。用 emeditor 打开,可以看到 HTML 代码里面已经包含了新闻标题和时间。结合上一章学到的字符串处理函数,可以将其中的新闻标题和时间单独提取出来,由于篇幅限制,本书不再具体举例。

爬虫技术只是一种提高获取信息效率的技术手段,切忌用于非法采集信息。非法获取相关信息,情节严重的,有可能构成"非法获取计算机信息系统数据罪"。如果爬虫程序干扰被访问的网站或系统正常运营,后果严重的,有可能构成"破坏计算机信息系统罪"。

本章作业

1. 使用 PHP 爬取一个自己感兴趣的网页。
2. 读取唐诗数据的 txt 文件,并将读取到的内容打印到页面上。

第10章 古籍检索系统构建

10.1 检索系统的基本架构

通过以上章节的学习,我们已经掌握了构建检索系统所需要的关键技术,那什么是检索系统呢? 我们学到的这些技术该如何应用于检索过程呢? 接下来,我们一起学习检索系统的相关知识。

什么是检索系统呢? 所谓检索系统,是指图书情报档案工作者和其他学者按某种方式方法建立起来的供读者查检图书情报档案资料等信息的某种有层次的体系。通俗来讲,检索系统就是根据你的检索需求给你提供相应信息的一个体系。它的主要作用就是提供信息。

对于检索系统,我们可以它的作用为切入点,尝试通过它的作用,反推出它的原理。为了更好地理解检索系统,我们以古代少爷买书的例子来形象地比喻一下。古代有个少爷,喜欢金石,想看金石相关的书,于是让仆人去书铺买书。仆人带着少爷的命令来到书铺,告诉书铺小二,小二根据要求去后院找到了书,找到之后拿给仆人,仆人把书带回来,最后呈给了少爷。我们可以将这个过程分成五个步骤:

第一步,少爷想看金石相关的书;

第二步,仆人记下主人的要求,来到书铺;

第三步,书铺小二根据要求查找,并把书交给仆人;

第四步,仆人把书带给少爷;

第五步,少爷看到了想看的书。

这五步,是从少爷提出要求到看到结果的整个过程,也是用户在检索系统中输入关键词查询结果的整个过程。我们将整个过程对应到检索系统中,如图10-1所示检索过程如下:

第一步,一个可以输入关键词的带有检索框的页面;

第二步,PHP 将关键词转为 SQL 语句,并注入 MySQL 中;

第三步,MySQL 执行 SQL 语句,进行检索;

第四步,PHP 获取检索结果;

第五步,PHP 将检索结果输出到检索结果页面上。

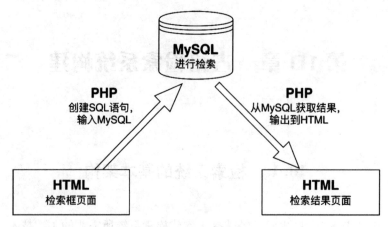

图 10-1　检索系统图示

　　在实际应用中，这些步骤主要由两个界面参与完成，因此只需要两个页面文件，分别是供用户输入关键词且包含检索框的检索首页，以及呈现检索结果的结果页面。由于检索发生在检索框页面表单提交跳转之后，所以实现步骤二至步骤五的部分都放在检索结果页面呈现，也就是第七章我们构建的检索结果页面 result. html。本章将以唐诗检索系统为例，使用 PHP 语言，重写检索结果页面，将静态的页面改为可以根据用户检索需求动态呈现的页面。

10.2　唐诗检索系统构建

　　在进行检索系统构建的实践操作之前，我们需要补充一些知识点，理解我们日常使用的网址是如何形成的，页面之间传输数据有哪些方式，最后学习如何构建检索系统。

10.2.1　网页间的数据传输方法

　　不同页面之间，该如何传输数据呢？换句话说，一个页面在向另一个页面跳转时，如何带着数据跳转呢？

　　为了更好地理解，我们以信件为例，解释一下这个过程。在过去，邮递信件的邮费通常是由收件方收到信件后支付，如果收件方不想收件也可以拒收。那个年代人们都比较穷，支付邮费往往会让本不富裕的家庭雪上加霜，于是一些游子为了省下邮费，会在离家之前和家人约定，在信封上做标记来报平安。家人见到这样的信件，不需要收件，只需要通过信封即可知道孩子状态，因此不需要支付邮费。这种在信封上做标记的方式使得家人在不拆信件的情况下就可以得知孩子想表达的信息，但这种方式的信息承载量有限，不能传达大量的文本信息，而且这种方式是随着信封封面出现的，任何人都可以看到。如果想表达比较完善和私密性较高的内容，还需要通过信件内容本身来得知，而不能通过信封标记这种简单的方式表达。

信件的这两种信息传递方式一种是写在信封上,一种是写在信封里的信纸上。两种方式分别对应了网页间的两种数据传输方法,分别是 GET 方法和 POST 方法。

GET 方法是将数据通过 URL 参数传递给服务器,参数会以键值对的形式附加在 URL 的末尾。GET 方法依托 URL 来传输信息,所能传输的信息长度有限。同时,GET 方法会将传输的信息直接暴露在 URL 中,因此不适用于传输一些敏感信息。GET 方法传输的数据会随着 URL 的分享而保留,不会丢失。通俗来讲,运用 GET 方法构建的检索结果页面,如果把检索结果页面的网址收藏或分享,再次打开或别人打开时依然可以正常看到根据我们输入的检索词而检索到的内容。我们日常使用的检索系统包括百度、谷歌等都是通过 GET 方法来传输检索词的。

POST 方法是将数据通过访问的这个过程进行数据传输的,不是体现在 URL 上。虽然 POST 传输的形式依然是键值对,但并不可见,不能直接看到,并且长度限制较小,可以传输大量的信息。另外,POST 方法传输的数据与 URL 无关。因此,在分享链接时传输的数据就会消失。通俗来讲,运用 POST 方法构建的检索结果页面,如果把检索结果页面的网址收藏或分享,再次打开时将不能看到检索的内容,只能看到默认显示的页面。

接下来我们将在第六章节构建的检索系统案例上继续修改,用两种不同的方法进行实践。在开始之前,我们将 result.html 重命名为 result.php,并在其最开始写上如下代码:

```php
<?php
?>
```

10.2.1.1　GET 方法

首先,我们修改 GET 方法的发送页面。我们将检索框页面的表单提交方法写为 GET,这样表单就会以 GET 方法提交。

```html
<form action = "result.php" method = "GET">
    <p>请输入需要检索的关键词:</p>
    <input type = "text" name = "searchword" id = "input1">
    <input type = "submit" value = "检索" id = "but1">
</form>
```

然后,我们修改 GET 方法的接收页面。由于页面间的数据传输以键值对进行,本质上是以数组这种变量类型存储的,因此我们可以使用操作数据的方法直接操作传输的数据。由于 GET 方法传输的数据都存储在 $_GET 数组中,我们在文件最开头将 GET 方法的所有数据打印出来,如图 10-2 所示。

```php
<?php
    print_r($_GET);
?>
```

Array ([searchword] => 月)

图 10-2   打印 $_GET 数组

同样，我们也可以单独获取单个参数的数据，如图 10-3 所示。

```php
<?php
    $searchword = $_GET["searchword"];
    echo $searchword;
?>
```

李白

图 10-3   获取单个参数数据

我们观察当前的 URL，可以看到 URL 中已经包含了 GET 方法传输的数据信息，如图 10-4 所示。

← → C　① localhost/qts/result.php?searchword=李白　　　　　　　　　⊕ ☆

图 10-4   当前的 URL

将该 URL 复制，在浏览器中新建一个标签，并将 URL 粘贴到地址栏中，按回车键。可以发现，新的标签页依然能够正常显示数据，见图 10-5。

李白

图 10-5   新的标签页显示

10.2.1.2   POST 方法

首先，我们修改 POST 方法的发送页面。我们将检索框页面 home.html 的 form 表单提交方法写为 POST，这样表单就会以 POST 方法提交。

```html
< form action = "result.php" method = "POST" >
    < p > 请输入需要检索的关键词: </ p >
    < input type = "text" name = "searchword" id = "input1" >
    < input type = "submit" value = "检索" id = "but1" >
</ form >
```

然后，我们修改 POST 方法的接收页面。POST 方法传输的数据都存储在 $_POST 数组中，我们在文件最开头将 POST 方法的所有数据打印出来，结果如图 10-6 所示。

```
<?php
    print_r($_POST);
?>
```

Array ([searchword] => 月)

图 10-6 打印 $POST 数组

观察当前 URL，可以看到 URL 中没有包含参数信息。我们将该 URL 复制，在浏览器中新建一个标签，并将 URL 粘贴到地址栏中，按回车键。可以发现，新的标签页输出的 POST 信息中，并不包含我们从检索框页面提交的数据。

10.2.2 连接 MySQL 获取数据

我们已经通过 GET 方法或者 POST 方法拿到了用户检索的关键词，那么如何根据关键词向数据库发起检索呢？ 使用 PHP 调用 MySQL 的过程大致分为以下六步。

第一步，连接 MySQL，并将连接赋值给新的变量。连接使用的是 mysqli_connect()函数，该函数需要传入三个参数。第一个是数据库的地址，默认是 127.0.0.1；第二个是登录 MySQL 输入的账户名，默认是 root；第三个是登录 MySQL 输入的密码，默认是空的。

```
$conn = mysqli_connect("127.0.0.1","root","");    // 连接 MySQL
```

第二步，选择数据库，并将选择结果赋值给新的变量。选择数据库使用的是 mysqli_select_db()函数，该函数需要传入两个参数，分别是刚刚与 MySQL 建立的连接，以及我们要检索的数据库名称。如果选择数据库失败，会向页面输出"无法连接服务器"。

```
$condb = mysqli_select_db($conn, "tangshi") or die("无法连接服务器");
    // 选择数据库
```

第三步，设置字符集编码。将字符集设置为 UTF-8 编码，以避免中文字符的乱码问题。

```
mysqli_query($conn, "set names'utf8'");    //设置字符集
```

第四步，书写 SQL 语句。首先将 SQL 语句以字符串的形式写出来，注意 SQL 语句的两端使用双引号，SQL 语句内部使用单引号。然后将 SQL 语句赋值给 $sql 变量。

```
$sql = "SELECT *  FROM `ts` WHERE `poem` LIKE '% $searchword% '";  //
检索诗文中包含检索词的诗文
```

第五步,执行 SQL 语句。执行 SQL 语句使用的是 mysqli_query( )函数,也就是第三步的函数。mysqli_query( )函数需要输入两个参数,分别是 MySQL 连接和 SQL 语句,并将该检索请求赋值为 $result。

```
$result = mysqli_query($conn, $sql);   //执行 SQL 语句
```

第六步,遍历查询结果。遍历查询结果使用的是 while 循环和 mysqli_fetch_array( )函数。上一步的 mysqli_query( )已经执行了 SQL 语句,检索到了所有的结果,mysqli_fetch_array( )的作用就是从检索结果 $result 中取出一行。但是需要注意,mysqli_fetch_array( )每次只能取出一行数据,执行一次,就会取一行,再次执行就会自动取下一行。取完所有数据之后,mysqli_fetch_array( )就会返回 null。对于遇到 null 需要结束的情况,我们可以使用 while 循环来执行,当 mysqli_fetch_array( )的结果不为空,我们就拿到数据继续下一次循环;如果是空则结束循环,从而实现对所有检索结果的遍历。另外,为了更好地操作每一行数据,需要在 while 中将取的每一行结果赋值给 $row。$row 数组中键名是字段名,键值是该字段对应的值,因此我们可以用字段名获取相应字段的值。

```
while($row = mysqli_fetch_array($result)){
      echo $row["title"];   // 标题
      echo $row["author"];   // 作者
      echo $row["poem"];   // 诗文
   }
```

此处 while 循环里, $row = mysqli_fetch_array($query)并不是判断二者是否相等的,而只是一个简单的赋值过程。既然只是赋值过程,且 mysqli_fetch_array($query)返回的又是数组,并不是 true 或者 false,为何 while 循环可以进行呢? 这是因为 while 循环的条件表达式可以是任何能转换为布尔值的表达式。因此,即使 mysqli_fetch_array( ) 函数返回的是一个数组,也可以将其用作 while 循环的条件表达式。具体来说,while 循环会将 mysqli_fetch_array( ) 函数返回的数组转换为布尔值。如果数组为空,则将其转换为 false;如果数组非空,则将其转换为 true。因此,while 循环会一直执行,直到 mysqli_fetch_array( ) 函数返回空数组。

运行结果如图 10-7 所示。

【帝京篇十首】,李世民,秦川雄帝宅，函谷壮皇居。绮殿千寻起，离宫百雉余。连薨遥接汉，飞观迥凌虚。云日隐层阙，风烟出绮疏。岩廊罢机务，崇文聊驻辇。玉匣启龙图，金绳披凤篆。韦编断仍续，缥帙舒还卷。对此乃淹留，欹案观坟典。移步出词林，停舆欣武宴。雕弓写明月，骏马疑流电。惊雁落虚弦，啼猿悲急箭。阅赏诚多美，于兹乃忘倦。鸣笳临乐馆，眺听欢芳节。急管韵朱弦，清歌凝白雪。彩凤肃来仪，玄鹤纷成列。去兹郑卫声，雅音方可悦。芳辰追逸趣，禁苑信多奇。桥形通汉上，峰势接云危。烟霞交隐映，花鸟自参差。何如肆辙迹，万里赏瑶池。飞盖去芳园，兰桡游翠渚。萍间日彩乱，荷处香风举。桂楫满中川，弦歌振长屿。岂必汾河曲，方为欢宴所。落日双阙昏，回舆九重暮。长烟散初碧，皎月澄轻素。搴幌玩琴书，开轩引云雾。斜汉耿层阁，清风摇玉树。欢乐难再逢，芳辰良可惜。玉酒泛云罍，兰殽陈绮席。千钟合尧禹，百兽谐金石。得志重寸阴，忘怀轻尺璧。建章欢赏夕，二八尽妖妍。罗绮昭阳殿，芬芳玳瑁筵。佩移星正动，扇掩月初圆。无劳上悬圃，即此对神仙。以兹游观极，悠然独长想。披卷览前踪，抚躬寻既往。望古茅茨约，瞻今兰殿广。人道恶高危，虚心戒盈荡。奉天竭诚敬，临民思惠养。纳善察忠谏，明科慎刑赏。六五诚难继，四三非易仰。广待淳化敷，方嗣云亭响。【饮马长城窟行】,李世民,塞外悲风切，交河冰已结。瀚海百重波，阴山千里雪。迥戍危烽火，层峦引高节。悠悠卷旆旌，饮马出长城。寒沙连骑迹，朔吹断边声。胡尘清玉塞，羌笛韵金钲。绝漠干戈戢，车徒振原隰。都尉反龙堆，将军旋马邑。扬麾氛雾静，纪石功名立。荒裔一戎衣，灵台凯歌入。【执契静三边】,李世民,执契静三边，持衡临万姓。玉彩辉关烛，金华流日镜。无为宇宙清，有美璇玑正。皎佩星连景，飘衣云结庆。戢武耀七德，升文辉九功。烟波澄旧碧，尘火息前红。霜野韬莲剑，关城罢月弓。钱缀榆天合，新城柳塞空。花销葱岭雪，縠尽流沙雾。秋驾转兢怀，春冰弥轸虑。书绝龙庭羽，烽休凤穴戍。衣宵寝二难，食旰餐三惧。翦暴兴先废，除凶存昔亡。圆盖归天壤，方舆入地荒。孔海池京邑，双河沼帝乡。循躬思励己，抚俗愧时康。元首伫盐梅，股肱惟辅弼。羽贤崆岭四，翼圣襄城七。浇俗庶反淳，替文聊就质。已知隆至道，共欢区宇一。【正日临朝】,李世民,条风开献节，灰律动初阳。百蛮奉遐赆，万国朝未央。虽无舜禹迹，幸欣天地康。车轨同八表，书文混四方。赫奕俨冠盖，纷纶盛服章。羽旄飞驰道，钟鼓震岩廊。组练辉霞色，霜戟耀朝光。晨宵怀至理，终愧抚遐荒。【幸武功庆善宫】,李世民,寿丘惟旧迹，酆邑乃前基。粤予承累圣，悬弧亦在兹。弱龄逢运改，提剑郁匡时。指麾八荒定，怀柔万国夷。梯山咸入款，驾海亦来思。单于陪武帐，日逐卫文枇。端扆朝四岳，无为任百司。霜节明秋景，轻冰结水湄。芸黄遍原隰，禾颖积京畿。共乐还乡宴，欢比大风诗。【重幸武功】,李世民,代马依朔吹，惊禽愁昔丛。况兹承眷德，怀旧感深衷。积善忻余庆，畅武悦成功。垂衣天下治，端拱车书同。白水巡前迹，丹陵幸旧宫。列筵欢故老，高宴聚新丰。驻跸抚田畯，回舆访牧童。瑞气萦丹阙，祥烟散碧空。孤屿含霜白，遥山带日红。于焉欢击筑，聊以咏南风。【经破薛举战地】,李世民,昔年怀壮气，提戈初仗节。心随朗日高，志与秋霜洁。移锋惊电起，转战长河决。营碎落星沉，阵卷横云裂。一挥氛沴静，再举鲸鲵灵。于兹俯旧原，属目驻华轩。沉沙无故迹，灭灶有残痕。浪霞穿水净，峰雾抱莲昏。世途亟流易，人事殊今昔。长想眺前踪，抚躬聊自适。【过旧宅二首】,李世民,新丰停翠辇，谯邑驻鸣笳。园荒一

图 10-7 输出结果

这种方式只是简单地将数据堆砌输出到页面上，并不具有美观性。我们接下来尝试将数据输出为表格。在第六章中，我们已经模拟了输出结果的表格，其中一行的 HTML 代码是：

```
<tr>
    <td>静夜思 </td>
    <td>李白 </td>
    <td>床前明月光，疑是地上霜。举头望明月，低头思故乡。 </td>
</tr>
```

如想把文本输出成以上形式的表格，可以将以上的题目、作者、诗文部分替换成检索结果中的标题、作者、诗文。

```
while($row = mysqli_fetch_array($result)){
      $title = $row["title"];  // 标题
      $author = $row["author"];  // 作者
      $text = $row["poem"];   // 诗文

     echo " <tr> <td> $title </td> <td> $author </td> <td> $text </td>
 </tr> ";  // 输出表格内容
}
```

但这种方式会把表格输出到 HTML 的外面，并不能按照我们的预期正常显示，因此我们提前新建一个 HTML 字符串变量，将每一行的 HTML 代码加进去。

```
$resultHtml = "";
while($row = mysqli_fetch_array($result)){
      $title = $row["title"];   // 标题
      $author = $row["author"];   // 作者
      $text = $row["poem"];    // 诗文

$resultHtml .= " <tr> <td> $title </td> <td> $author </td> <td> $text
</td> </tr>";   // 输出表格内容
    }
```

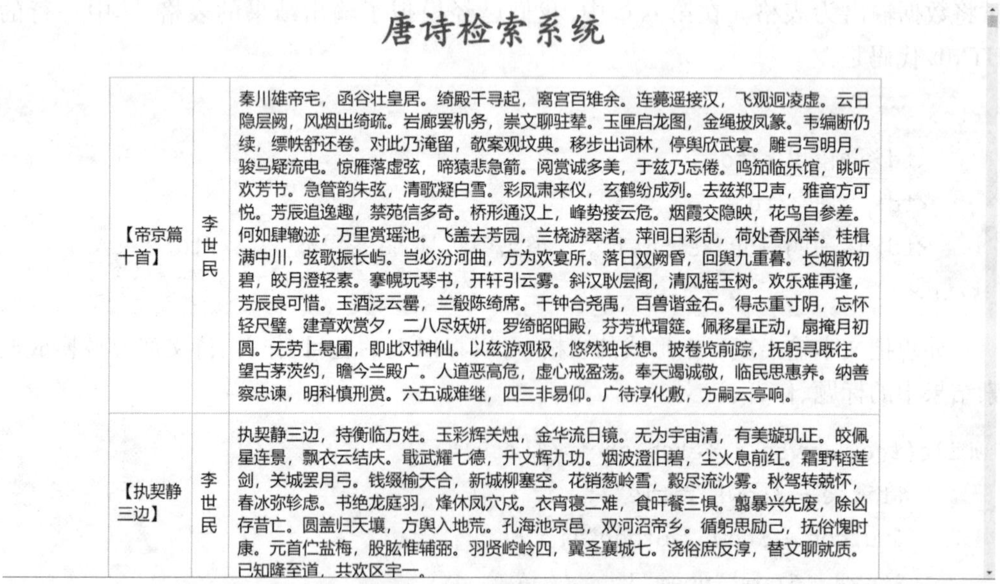

最后再在 HTML 页面的 body 中输出即可，输出结果如图 10-8 所示。

```
<table>
    <?php
      echo $resultHtml;
    ?>
</table>
```

图 10-8　输出结果显示

另外，为了更好地展示检索词的位置，我们可以用 str_replace( )函数，以字符串替换的方式，给检索结果中的每个检索词套上 < span > </ span >标签，并加上 hl 样式类别。

```
while($row = mysqli_fetch_array($result)){
    $title = $row["title"];   // 标题
    $author = $row["author"];   // 作者
    $poem = $row["poem"];    // 诗文

    $poem = str_replace($searchword, "<span class = 'hl'> $searchword
</span >", $poem);   // 将检索词标红

$resultHtml . = " <tr> <td> $title </td> <td> $author </td> <td> $text
</td> </tr>";   // 输出表格内容
    }
```

hl 样式需要在 style 中进行定义：

```
.hl{
    color: red;
}
```

重点内容显示见图 10-9。

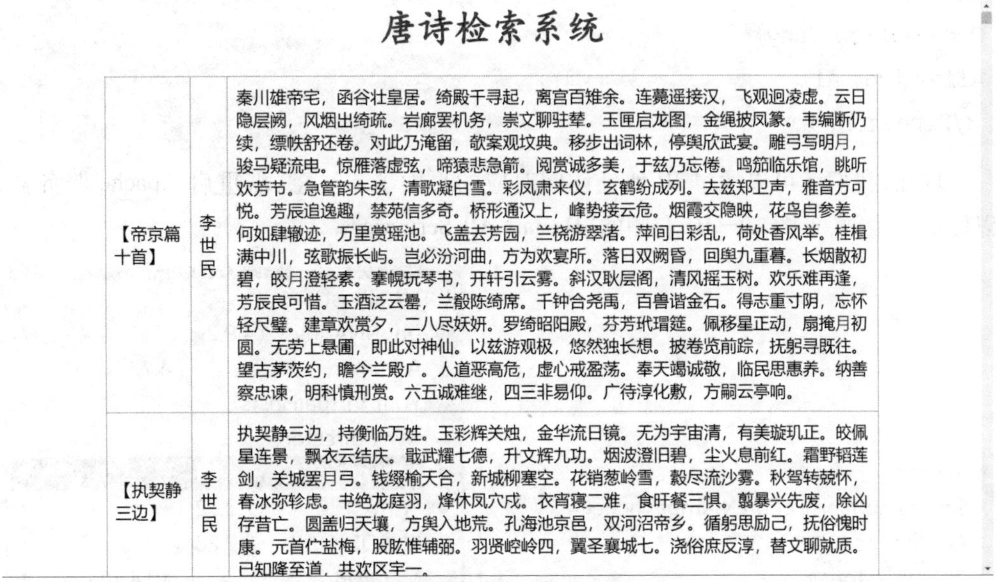

图 10-9 重点内容结果显示

至此，我们已经可以构建一个具有基础功能的古籍检索系统了。

10.3   网站的发布

最终建好的检索系统可以发布到互联网上。首先需要向服务器域名提供商购买服务器和域名，然后安装配置 WampServer 软件，最后将域名与服务器 IP 绑定即可。

在配置软件时需要增加开放访问的调整，具体过程如下：

首先，找到 Apache 服务器的配置文件，通常是 httpd. conf 文件，可以在 Apache 安装目录下的 conf 文件夹中找到，见图 10-10。

而后，打开 httpd. conf 文件，并找到以下行：

```
< Directory / >
Order deny,allow
Deny from all
</Directory >
```

将上述代码块中的"Order deny, allow"改为"Order allow, deny"，将"Deny from all"改为"Allow from all"。修改后的代码块如下：

```
< Directory / >
Order allow,deny
Allow from all
</Directory >
```

现在，我们就可以通过 IP 地址访问对应的页面了。注意：需重启 Apache 服务器，以使更改生效，见图 10-10 右侧的"Restart All Services"。

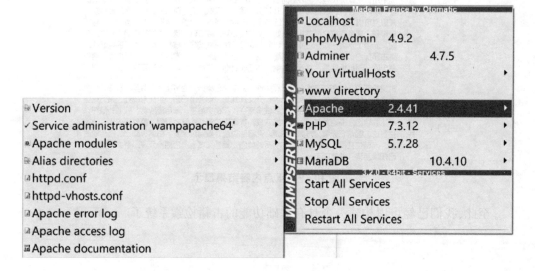

图 10-10   重启 Apache 服务器

关于服务器购买与域名绑定的具体操作,可以扫描以下二维码查看具体说明。

本章作业

1. 完成全唐诗检索系统的构建。
2. 参照全唐诗检索系统,根据自己构建的数据库设计一个检索系统。

第 11 章　数据可视化

通过前面章节的学习,我们掌握了构建古籍检索系统基本框架的方法,以满足古汉语研究的需求。接下来,我们将认识 JavaScript 语言,进一步完善和丰富我们的古籍检索系统,为其增加地图与可视化图表的功能。

11.1　JavaScript

通过前面章节的学习,我们掌握了构建动态页面检索系统的方法,这里的"动态页面"指的是内容的动态,但用户看到的页面上的元素依然是静止的。我们要想在页面上进一步增加丰富的功能,就需要学习如何在 HTML 生成之后操作页面上的元素,使交互更加丰富。

为了实现这一功能,就需要学习本章讲述的 JavaScript 这门编程语言,JavaScript 通常简称 JS。不同于 PHP 的运行方式,JS 是在 HTML 页面已经加载到用户浏览器之后,运行在用户浏览器上的用于操作 HTML 元素的编程语言。因此,JS 也是嵌入浏览器之中的,它常见的形式是写在一对 < script > 标签之中, < script > 可以放在网页的 < body > < /body > 标签之中,也可以放在 < /body > 标签之后。

```
< script type = "text/javascript" >

</script >
```

对于 JS,我们依然可以像对待 PHP 语言一样,从语言学的角度来学习。本书由于篇幅原因,只简单提及基础知识,主要用于地图和可视化的构建。有兴趣的同学可以进一步深入了解。

11.2　地图的嵌入

在古籍检索系统中,除了文本的检索和展示,我们还需要展示一些其他形式的信息,例如地图。地图在古籍检索系统中通常可以用于展示历史古迹在现代地图中的位置、历史人物的人生轨迹以及一些依据地图的数字人文分析。

要在我们构建的检索系统中插入一个可以进行交互的地图并不难,它并不需要我们从零搭建,而是可以嵌入现有的成熟的地图平台。目前国内主流的地图平台百度地图、高德地图等都支持直接调用,通过简单的代码就可以快速地在网站上创建一个地图。接下来,我们以百度地图为例,尝试创建一个地图。

11.2.1　AK 密钥的获取

首先,需要在百度地图开放平台创建一个账户。

进入百度地图开放平台后,点击网页右上角进行注册或登录。注册成功后,我们可以登录并进入个人中心,管理自己的账号和 API 密钥。在百度地图开放平台的首页,点击"开发文档"按钮,进入开发文档页面。在开发文档页面,选择"Web 开发"菜单,进一步选择"JavaScript API"。

接着我们进入"创建地图—展示地图"。在控制台界面中,点击左侧的应用管理,在其中"我的应用"界面即可发现上一讲我们所创造的应用,应用涵盖"应用编号""应用名称""访问应用"等内容。其中最重要的就是"访问应用"(AK),即我们所申请好的个人密钥。

11.2.2　百度地图的创建

首先,新建 PHP 文件,命名为"map. php"。在 map. php 中写入我们 html 中学习的基本框架。其中 < head > < /head >部分增加以下代码:

```
< script type = "text/javascript"src = "//api.map.baidu.com/api? type =
webgl8v =1.88ak =您的密钥" >
</script >
```

复制上一节获取到的密钥,替换原 php 文件中的代码"您的密钥"四字。

然后在 <body > < /body >中写入以下代码:

```
< div id = "container" > </div >
< script type = "text/javascript" >
    var map = newBMapGL.Map("container"); // 创建地图实例
    var point = newBMapGL.Point(118.916683, 32.112189);
                                            // 创建点坐标
map.centerAndZoom(point, 16); // 初始化地图,设置中心点坐标和地图级别
//开启鼠标滚轮缩放
map.enableScrollWheelZoom(true);
// 添加比例尺控件
    varscaleCtrl = new BMapGL.ScaleControl();
map.addControl(scaleCtrl);
// 添加缩放控件
```

```
        varzoomCtrl = new BMapGL.ZoomControl();
map.addControl(zoomCtrl);
    </script >
```

我们在实际场景使用中,往往不希望地图满屏显示,因此需要对地图区域的样式进行一些简单的设定。

在以上实例的代码中, < div id = "container" > </div > 表示的是地图显示的区域,因此可以给它添加一个类 class = " mymap" ,并将 < style > 标签里的内容删除,写入以下代码:

```
#container {
    width: 800px;/* 设定宽度*/
    height: 600px;/* 设定高度*/
}
```

在浏览器中打开,就可以看到页面中已经生成了一个可以交互的地图,如图 11 - 1 所示。

图 11 - 1　地图显示

11.2.3　地点和标签的创建

地图的创建完成了我们在检索系统中嵌入地图的第一步,接下来我们将在地图上进一步增加标记,以满足我们的展示需求。

在学习创建点之前,我们需要知道,在地图上,一个点的坐标是由其经纬度确定的,因此,后续我们创建点等标签时,同样也使用经纬度进行确定。通常情况下,前者为经度,后者为纬度,例如南京师范大学仙林校区的坐标是 118.916683,32.112189。

创建点的代码比较简单,只需要在上一节创建地图的代码之后添加以下代码即可:

```
var point = newBMapGL.Point(118.916683, 32.112189);   // 添加点坐标
var marker = newBMapGL.Marker(point);                 // 创建标注
map.addOverlay(marker);                               // 将标注添加到地图中
```

创建完成之后,地图上对应经纬度的地方就会显示出来一个红色的大头针,如图 11-2 所示。

图 11-2　地图标注

但是,只有一个大头针并不能够展示必要的地点信息,我们还需要在大头针附近添加一个标签,如图 11-3 所示。

```
var point = newBMapGL.Point(118.916683, 32.112189);   // 添加点坐标
var content = "南京师范大学仙林校区";
var label = newBMapGL.Label(content, {              // 创建文本标注
    position: point,                                // 设置标注的地理位置
    offset: newBMapGL.Size(10, 20)                  // 设置标注的偏移量
})
map.addOverlay(label);                              // 将标注添加到地图中
```

图 11-3   地图标注

默认的标签样式不够美观，我们可以对其样式进行改变，如图 11-4 所示。

```
label.setStyle({                    // 设置 label 的样式
  color: '#000',// 字体颜色
fontSize: '18px',                   // 字体大小
  border: '2px solid #1E90FF'  // 字体标签边框粗细、类型、颜色
})
```

图 11-4 修改地图标注样式

改变样式的代码最好紧跟在所要改变的 label 之后,以免样式作用到其他的标签上。

实现手动的添加地点和标签之后,接下来我们将添加点和标签的功能打包为一个函数,尝试使用 PHP 遍历数据库批量输出坐标到地图上。

```
functionaddmypoint(pos, labeltext) {
    pos_x = pos.split(",")[0];
    pos_y = pos.split(",")[1];
    varmypoint = new BMapGL.Point(pos_x, pos_y);
    var marker = newBMapGL.Marker(mypoint);      // 创建标注
    map.addOverlay(marker);                        // 将标注添加到地图中
    var content = labeltext;
    var label = newBMapGL.Label(content, {         // 创建文本标注
        position:mypoint,                          // 设置标注的地理位置
        offset: newBMapGL.Size(4, 4)               // 设置标注的偏移量
```

```
    })
    map.addOverlay(label);                // 将标注添加到地图中
    label.setStyle({                      // 设置 label 的样式
        color: '#000',                    // 字体颜色
        fontSize: '20px',                 // 字体大小
        border: '2px solid #1E90FF'       // 字体标签边框粗细、类型、颜色
    })
}
```

然后用 php 连接数据库，执行 SQL 语句，并遍历结果，输出 JS 语句：

```php
<?php
    $conn = mysqli_connect("127.0.0.1","root","");    // 连接 MySQL
    $condb = mysqli_select_db($conn, "tangshi") or die("无法连接服务
器");  // 选择数据库
mysqli_query($conn, "set names'utf8'");   // 设置字符集

    //查询
    $sqla_co = "select *  from gis";
    $query_co = mysqli_query($conn, $sqla_co);
    while ($row = mysqli_fetch_array($query_co)) {
echo  "addmypoint('" . $row['xy'] . "', '" . $row['name'] . ");";
    }
?>
```

代码只是执行 SQL 语句的部分。连接数据库等过程不可省略，只是在上述代码中没有呈现。gis 表是 tangshi 数据库中的表，用于存放地点坐标，示例内容如图 11 - 5：

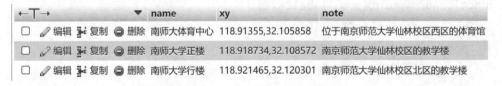

←T→			name	xy	note
☐	🖉 编辑 ▌复制 ⊖ 删除	南师大体育中心	118.91355,32.105858	位于南京师范大学仙林校区西区的体育馆
☐	🖉 编辑 ▌复制 ⊖ 删除	南师大学正楼	118.918734,32.108572	南京师范大学仙林校区的教学楼
☐	🖉 编辑 ▌复制 ⊖ 删除	南师大学行楼	118.921465,32.120301	南京师范大学仙林校区北区的教学楼

图 11 - 5 数据表中的地点坐标

效果如图 11 - 6 所示。

图 11 - 6 地图中标注地点显示

11.2.4 信息窗口的创建

在地图中标记点和标签中通常可以呈现必要的信息,满足我们的展示需求。但在一些具体的研究之中,仅仅呈现地点的位置和名称并不能达到目的,还需要增加更多的文字说明。对于这种情况,我们可以尝试创建信息窗口来展示更加丰富的信息。

为了更好地使用,我们接下来直接在上一节打包好的 addmypoint( )函数上进一步增加功能。

```
functionaddmypoint(pos, labeltext, infotitle, infotext) {
    pos_x = pos.split(",")[0];
    pos_y = pos.split(",")[1];

    //添加标注点
    varmypoint = new BMapGL.Point(pos_x, pos_y);
    var marker = newBMapGL.Marker(mypoint);          // 创建标注
    map.addOverlay(marker);                          // 将标注添加到地图中
```

```
    //添加标注标签
    var label = newBMapGL.Label(labletext, {    // 创建文本标注
        position:mypoint,                        // 设置标注的地理位置
        offset:newBMapGL.Size(4, 4)              // 设置标注的偏移量
    })
    map.addOverlay(label);                       // 将标注添加到地图中
    label.setStyle({   // 设置 label 的样式
        color:'#000',
        fontSize:'20px',
        border:'2px solid #1E90FF'
    });


    //创建信息窗口
    var opts = {
        width:200,          // 信息窗口宽度
        height:100,         // 信息窗口高度
        title:infotitle     // 信息窗口标题
    }
    var infoWindow = new BMapGL.InfoWindow(infotext, opts);    // 创建信
息窗口对象
    marker.addEventListener("click", function() {
        map.openInfoWindow(infoWindow, mypoint);              //开启信
息窗口
    });
}
```

在使用这个函数时,需要输入四个参数,分别是地点的坐标,例如[116.404, 39.915];地点的名称,例如"";信息窗口的标题;信息窗口的内容。

然后用 PHP 连接数据库,执行 SQL 语句,并遍历结果,输出 JS 语句:

```
<?php
    $conn = mysqli_connect("127.0.0.1","root","");   // 连接 MySQL
    $condb = mysqli_select_db($conn, "tangshi") or die("无法连接服务
器");   // 选择数据库
    mysqli_query($conn, "set names'utf8'");   // 设置字符集
    //查询
    $sqla_co = "select * from gis";
```

```
    $query_co = mysqli_query($conn, $sqla_co);
    while ($row = mysqli_fetch_array($query_co)) {
echo  "addmypoint('" . $row['xy'] . "', '" . $row['name'] . "', '" . $row
['name'] . "', '" . $row['note'] . "');";
    }
?>
```

　　在浏览器中打开 PHP 页面,点击某个标注点,则在对应位置弹出信息窗口,效果如图 11-7 所示。

图 11-7　地点信息窗口弹出显示

　　至此基本实现了在地图上创建多种形式的标注,并能结合数据库,高效地批量创建。在实际的研究中,还可以根据需求编写 PHP 语句,进而能控制性地在地图上进行多种形式的标记。

11.2.5　地理坐标的获取

　　在上一部分,我们根据坐标实现了地点和标签的自动化添加,那么这些地理坐标如何获取呢? 对于一些著名的地点,我们可以直接在网上查到精确的坐标,而对于一些不重要的地点,网上并不能获得具体的经纬度信息,需要我们自己获取。这时候,就需要用上百度地图的坐标拾取器工具，来快速地获取坐标。

使用坐标拾取器的方法也非常简单，首先打开坐标拾取器（https://opi. map. baidu. com/lbsapilgetpoint/），然后再在搜索框中输入需要查询的地点，例如输入"南京师范大学"，即可获取多个南京师范大学的坐标点，如图11-8所示。

图11-8　坐标拾取定位

如果想要获取坐标的地点查询不到，我们可以手动在地图上点击，即可获得点击位置的经纬度坐标，用于实际研究。

11.3　可视化

在检索系统中增加一些图表，可以更好地帮助用户理解一些信息。创建图表的方式与创建百度地图的方式类似，只需要使用现有的成熟平台或库即可。本书中推荐使用丰富且容易上手的 ECharts 库。

11.3.1　ECharts

ECharts 是一个由百度开发的开源 JavaScript 可视化库[①]，它提供了丰富的图表类型，可以在 PC 和移动设备上流畅地运行，并与大多数现代 Web 浏览器兼容，例如 IE9/10/11、Chrome、Firefox、Safari 等。ECharts 提供了丰富的图表类型，包括折线图、柱状图、散点图、饼图、热力图、雷达图、树图、旭日图等、地图等等。

此外，ECharts 提供的每种图表都有丰富的自定义选项，可以满足各种复杂的可视化需求。在处理大数据时，ECharts 有很好的大数据渲染能力，可以轻松处理上万甚至上亿的数据点，而 Excel 或 Word 在处理大数据时可能会出现性能问题。ECharts 作为

---

① 可在百度中搜索"Echarts"获得网站地址。

一个 JavaScript 库,可以轻松地集成到任何支持 JavaScript 的 Web 应用中,包括通过 WampServer 托管的应用,而 Excel 或 Word 等的图表功能只能在 Office 软件中使用。因此,ECharts 提供了更强大、更灵活的数据可视化功能,特别适合需要进行复杂、动态、交互式的数据可视化的场景。

对于语言学或者文学等人文学科的研究者来说,ECharts 可以帮助我们以更直观的方式理解和分析数据。例如,在进行文本分析时,使用 ECharts 来可视化词频分析或情感分析的结果,这可以帮助我们更好地理解文本的主题和情感倾向;在语言学研究中,ECharts 可以用来展示语音、语法、词汇等各种语言特征的分布和变化。此外,在历史和文化研究中,我们可以使用 ECharts 来展示时间线、地理分布、人口数量、社会网络、经济体量等信息,帮助我们更好地理解历史事件、社会情况和文化现象。ECharts 可以帮助我们创建动态的、交互式的图表和地图,使我们的研究成果更具吸引力。同时,学习使用 ECharts 也可以提高我们的数据分析和编程技能。总的来说,无论我们是进行深入的学术研究,还是初步的数据探索,ECharts 都可以为我们提供强大的支持。ECharts 示例如图 11-9 所示。

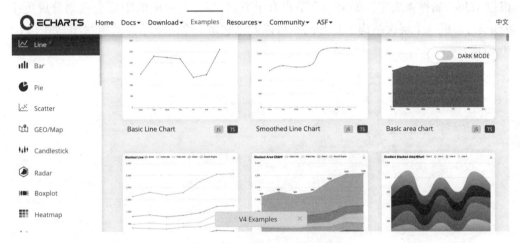

图 11-9　ECharts 示例一览

11.3.2　树状图

接下来,我们以常见的树状图作为案例进行学习。树状图对于表示层次关系、家族关系等树形的关系非常有用。借助 ECharts 提供的基本框架,我们手动改相关内容,就可以直接得到一个漂亮的树形图。但是当处理的数据量比较大的时候,我们就可以采取从外部文件引入的方法来批量处理数据。ECharts 官网的示例网页提供了查看图表实例及其源代码的功能,非常便于自学。

我们下载 ECharts 的文件包后,在 test 文件夹下面的 data 文件夹里找到名为 flare.json 的数据文件并用 Emeditor 打开。

这个文件是一个 JSON 格式的数据。这种数据结构通常用于创建树状图或者层次图,例如矩形树图(treemap)、圆形打包图(circle packing)、树状图(tree diagram)等。

这个数据结构的根节点是"flare",它下面有多个子节点,每个子节点可能还有自己的子节点,形成了一个树状结构。每个节点都有一个"name"属性和一个"value"属性,"name"属性表示节点的名称,"value"属性表示节点的值。如果一个节点有子节点,那么它会有一个"children"属性,这个属性的值是一个数组,数组中的每个元素都是一个节点。

在这个数据结构中,"flare"下面有8个子节点,分别是"analytics" "animate" "data" "display" "flex" "physics" "query" "scale" "util" 和"vis"。每个子节点下面可能还有自己的子节点,形成了一个多层次的树状结构。

如果用这个数据结构来创建图表,那么每个节点都会对应图表中的一个区域,节点的层次结构会对应图表中的层次结构,节点的"value"属性可能会用来决定区域的大小或者颜色。

例如,如果用这个数据结构来创建一个矩形树图,那么"flare"会是最外层的大矩形,"analytics" "animate"等子节点会是大矩形内部的小矩形,每个小矩形的大小可能会根据"value"属性来决定。如果一个节点有子节点,那么它对应的矩形会被划分成更小的矩形,形成一个层次结构。打开网页可以看见它是一个上下结构的树状图,如图11-10所示。

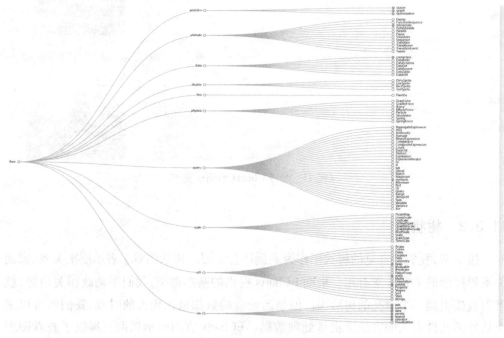

图11-10　向下树状图

当我们点击树上的一个节点时,它可以收起或扩展其子节点,体现了其丰富的动画和交互性,如图11-11和11-12所示。

读者可以根据自己的需要,修改和替换 flare.json 的数据文件,即可生成自己需要

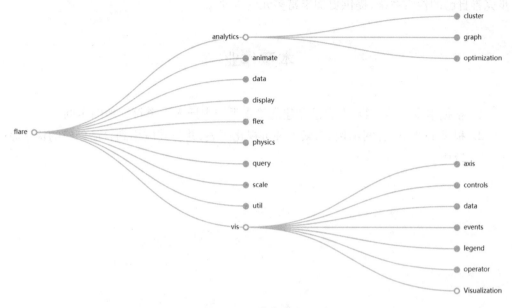

图 11-11 节点展示 01

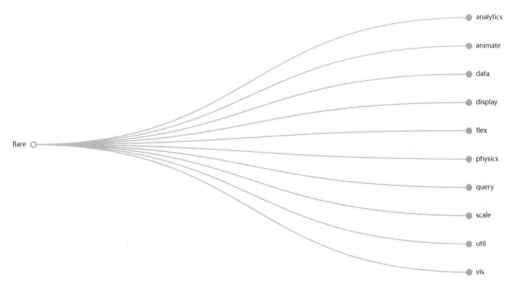

图 11-12 节点展示 02

的可视化效果图。但是在此过程中，需要非常耐心，根据说明文件仔细操作，有时还需要搜索百度和 CSDN 等外部资源以实现更好的效果。

除了树状图，Echarts 还提供了常规的折线图、柱状图、散点图、饼图、K 线图，用于统计的盒形图，用于地理数据可视化的地图、热力图、线图，用于关系数据可视化的关系图、treemap、旭日图，多维数据可视化的平行坐标，还有用于 BI 的漏斗图、仪表盘，并且支持图与图之间的混搭等等丰富的可视化资源。相信通过 Echarts 的使用，我们能进一步完善自己的检索系统，提供更加丰富多元的页面。

本章作业

1. 根据本章所学内容，在自己创建的检索系统中插入一个百度地图实例。
2. 根据 ECharts 官网示例，探索一种可视化图表，并将其应用到自己创建的检索系统中。

参考文献与扩展阅读

图书：

[1] [芬]汉努·萨尔米著,徐艺欢译,王涛校,《什么是数字史学》,北京大学出版社,2023.11。该书介绍了数字史学的基本概念和思想,包括数据库和档案、跨学科和公众参与等。

[2] [美]安妮·伯迪克等著,马林青、韩若画译,《数字人文:改变知识创新与分享的游戏规则》,中国人民大学出版社,2018.1。该书的多位学者将数字人文界定为一种新型学术模式、组织形式和文化模型,充分运用计算机技术与人文知识开展了合作性、跨学科的研究、教学和出版。

[3] [美]卢克·韦林,劳拉·汤姆森著,熊慧珍等译,《PHP 和 MySQL Web 开发》,机械工业出版社,2018.1。该书是经典的 PHP 和 MySQL 的入门书,适合初学者。

[4] [英]马丁·保罗·伊夫著,王丽丽等译,《数字人文与文学研究》,中国人民大学出版社,2023.9。该书介绍了如何应用数字人文技术解读文学,例如作者身份、空间、可视化、地图和地点、距离和历史、伦理路径等等。

[5] 程杰著,《大话数据结构》,清华大学出版社,2011.6。该书比较适合文科背景的学生学习高阶的编程,内容是以 C 语言为例的数据结构和算法,有一定难度。也可以选用计算机二级的相关教程入门。

[6] 欧阳剑著,《数字人文视域下的古籍开发与应用模式研究》,中国社会科学出版社,2022.7。全书研究古籍文献的数字人文数据建设理论、模式及方法。

[7] 王东波主编,《数字人文教程:Python 自然语言处理》,南京大学出版社,2022.11。该书采用 Python 编程语言实战古籍文本的数字人文分析。

会议：

[1] DH 系列:数字人文组织联盟(The Alliance of Digital Humanities Organizations,ADHO)每年举办 DH 系列国际会议。

[2] ACH:计算机与人文协会(The Association for Computers and the Humanities,ACH),每年举办 ACH 系列国际会议。

[3] CDH:中国索引学会数字人文专业委员会主办的中国数字人文大会,每年召开年会。

期刊：

[1] DSH:*Digital Scholarship in the Humanities*,Oxford University Press

[2] JDH:*International Journal of Digital Humanities*,Springer

[3] 《数字人文》,清华大学与中华书局

[4] 《数字人文研究》,中国人民大学